汾酒生产365问

任玉杰◎主编

王广峰　赵艳军　任爱琴◎副主编

中国轻工业出版社

图书在版编目（CIP）数据

汾酒生产365问 / 任玉杰主编 . —北京：中国轻工业出版社，2019.12

ISBN 978-7-5184-2847-2

Ⅰ . ①汾… Ⅱ . ①任… Ⅲ . ①清香型白酒－酿酒－问题解答 Ⅳ . ① TS262.3-44

中国版本图书馆CIP数据核字（2019）第273701号

责任编辑：江　娟 靳雅帅 王　韧　责任终审：张乃柬　封面设计：张　浩
策划编辑：江　娟　版式设计：张　浩　责任监印：张　可

出版发行：中国轻工业出版社（北京东长安街6号，邮编：100740）
印　　刷：三河市国英印务有限公司
经　　销：各地新华书店
版　　次：2019年12月第1版第2次印刷
开　　本：720×1000　1/ 16　印张：11.75
字　　数：135千字
书　　号：ISBN 978-7-5184-2847-2　定价：68.00元
邮购电话：010-65241695
发行电话：010-85119835　传真：85113293
网　　址：http://www.chlip.com.cn
Email：club@chlip.com.cn
如发现图书残缺请与我社邮购联系调换
191465K1C102ZBW

传统酿造工艺是中国酒魂信仰的基石

序 言

山西杏花村汾酒集团有限责任公司党委书记、董事长 李秋喜

酒，是大自然给予人类的美好馈赠。中国传统白酒是中华文明“天人合一”精神的完美体现。汾酒出自中国古老的白酒工艺，古法制曲，可以在南北朝时期贾思勰的名著《齐民要术》中找到端倪；陶缸发酵，脱胎于几千年中国发酵酒的工艺传统，李时珍《本草纲目》关于烧酒“和曲酿瓮中”的珍贵记载，正是汾酒传统工艺的真实写照。近年来，汾酒传统生产工艺成为“行走的中国白酒”，走遍大江南北，好评如潮。“台上一分钟，台下十年功”，簸箕装甑的工匠精神，纯净、卫生的生产现场，清香四溢的流酒现场，极大地改变了消费者对于中国白酒的认知，在中国名酒中独树一帜，独一无二。

中国酒魂信仰是汾酒集团的企业文化信仰。汾酒的传统生产工艺是中国酒魂信仰的一块基石。文化汾酒四句话中的“奠基者、火炬手、教科书、活化石”说的都是汾酒传统工艺；“国酒之源、清香之祖、文化

之根”的前两句正是对汾酒传统酿造工艺的直接表述。“品质与文化高于一切”一直是汾酒的卓越特质，而品质来自于对传统的坚守和对质量的执着。10年来，以“杏花村汾酒文化学”为核心的对汾酒文化的收集、整理、研究已然成了气候，一批汾酒文化的著作可能会成为汾酒发展史、中国酒文化的经典。但是，在汾酒传统酿造工艺的收集、整理、研究方面，还不能尽如人意。这部由任玉杰主编的《汾酒生产365问》填补了这个空白，是非常有价值的汾酒传统酿造工艺图书。这部书有以下特点：

一、系统性

关于汾酒传统酿造工艺，以前也有过几种整理的版本，但都不够全面，有的主要讲酿造，有的主要讲大曲。把汾酒主要工艺荟萃于一册的，应该是第一次。

二、可读性

教科书式的汾酒酿造工艺介绍是必要的，但读者群显然就窄了许多。专业人士可以读懂那些专业术语很多、长篇大论的文章，而对于非生产体系的汾酒员工，对于汾酒经销商、消费者，就很难读下去。本书把复杂的汾酒酿造主要工艺分解为365个小问题，使那些对汾酒酿造工艺陌生的朋友，也能够轻松了解博大精深的汾酒传统酿造工艺。

三、专业性

本书编者都是在汾酒生产一线工作多年的专业人士，对汾酒大曲生产、酿造生产、勾贮生产、成装生产有着丰富的经验、全面的了解和深入的思考，专业水平较高。以此书作为汾酒集团的培训教材，可以促进汾酒生产的传承与创新。

四、工具性

汾酒文化景区是“全国工业旅游十大示范基地”之一，也是山西最著名的旅游景点之一，每年旅游人数近百万，而且仍在迅猛递增。从事旅游接待的汾酒人、普通的汾酒员工都经常面对游客提出的各种问题，而有这样一本书在手，就可以很圆满地加以解答，从而让更多的人了解汾酒、热爱汾酒，这是很有意义的“工艺营销”和“全员营销”。

五、普及性

汾酒传统酿造工艺是中国酒魂信仰的一块基石。树立中国酒魂信仰，首先要了解汾酒传统酿造工艺。所有汾酒人以及从事汾酒营销的经销商、终端商、电子商务人员，乃至资深消费者、意见领袖，都应该拥有这样一册应知应懂的汾酒之书。

书籍是信仰的核心载体，信仰靠书籍永续传承。我们呼唤更多更优秀的汾酒文化作品问世，也呼唤更多更优秀的介绍汾酒酿造工艺的作品出现。《汾酒生产365问》为汾酒工艺的整理、挖掘、研究开了好头，这是汾酒文化未来发展的一个重要方向。

汾酒传统酿造工艺不仅代表着中国白酒的形象，也是几千年来汾酒人的饭碗。这个“金饭碗”，我们汾酒人一定要端好端久，永久地传承下去！

2019年6月

目 录

第一部分 大曲生产

一、大曲与原料

二、曲料粉碎

三、压曲块

四、入房排列

五、上霉

六、晾霉

七、潮火

八、大火

九、后火

十、养曲

十一、出房验收

十二、贮存

十三、成品曲

第二部分 酿造生产

一、高粱润糁标准

二、蒸糁糊化标准

三、配料标准

四、发酵标准

五、蒸馏标准

六、汾酒酿造技艺

七、白酒微量成分

八、酒体成因

六、酒体设计

七、白酒计算

第四部分 成装生产

一、基本知识

二、过滤

三、洗瓶

四、灌装

五、检验

六、贴标

七、包装

第一部分

大曲生产

一、大曲与原料

1. 什么是大曲？

大曲是白酒生产的传统用曲，既是糖化剂，又是发酵剂，也是多种微生物的混合酶制剂。

2. 白酒生产用曲包括哪些种类？

白酒生产用曲包括大曲、小曲、麸曲和液体曲。

3. 不同种类曲各有什么特点？

（1）大曲是白酒生产的传统用曲，既是糖化剂，又是发酵剂，也是多种微生物的混合酶制剂。大曲白酒具有传统的曲香味，不同的制曲工艺在一定程度上影响着大曲的质量和风格，多数名白酒、地方名酒都是大曲酒。

（2）小曲是我国的传统曲种之一，具有糖化和发酵两种作用，可用于酿造黄酒、甜酒和白酒。小曲酒是应用小曲糖化发酵大米而制作的蒸馏酒，在我国南方各省较为普遍。

（3）麸曲以麸皮为原料制造糖化剂，再使用纯种曲霉、根霉、红曲霉、拟内孢霉等单独或混合麸曲，或纯种制曲混合使用，酿造出各种香型和风格的麸曲白酒。

（4）液体曲是以薯干、玉米、豆饼等为主要原料，加入一定的营养盐，用不同类型的通风培养罐培养的纯种曲霉、根霉、红曲霉等的液体糖化剂。

4. 大曲有哪些生产特点？

（1）制曲原料　要求含有丰富的碳水化合物（主要是淀粉）、蛋白质以及适量的无机盐等，能够供给酿酒有益微生物生长所需的营养物质。

（2）制曲用生料　这样有利于保存原料中所含有的丰富的水解酶类，有利于大曲在培菌过程中微生物适度生长。

（3）自然接种　大曲是我国古老的曲种，我国人民几千年前就掌握了丰富的微生物知识。他们巧妙地将野生菌进行人工自然培养，选育有益菌种，最后在曲内积蓄酶及发酵前体物质，并为发酵提供营养物质。

5. 大曲与快曲（麸曲）的主要区别是什么？

大曲的生产原料主要是水、大麦、豌豆等。大曲为天然接种剂，微生物种类繁多，培制时间长。麸曲的生产原料主要是麸皮，麸曲为人工接种，微生物较单纯，培制时间短。

6. 汾酒大曲生产工艺流程是怎样的？

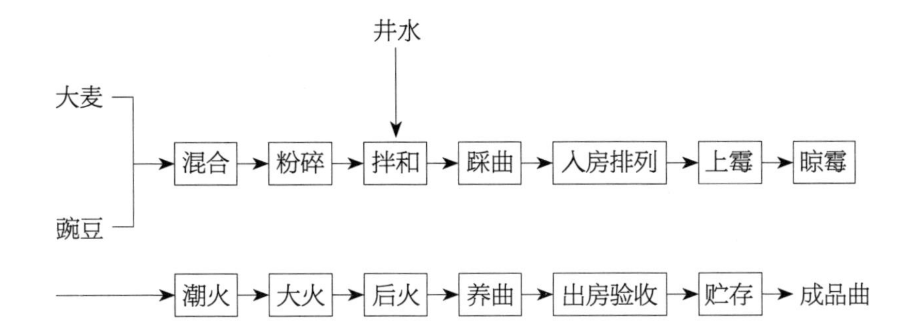

7. 汾酒大曲可分为哪几个品种？

汾酒大曲可分为清茬曲、红心曲、后火曲三个品种。

8. 汾酒大曲生产的主要原料有哪些？

汾酒大曲生产的主要原料为水、大麦、豌豆。

9. 汾酒大曲对用水有何要求？

井水为制造汾酒大曲的主要原料之一，也是曲料的黏合剂及良好的溶剂。制曲用水与酿酒用水有共同的要求，应符合饮用水标准，以无色透明、无臭气、微甜爽口、溶解物少、不浑浊、煮沸后很少产生沉淀者为佳。

10. 汾酒大曲对大麦有何要求?

汾酒大曲使用的大麦质量要求：千粒重≥ 36g，杂质≤ 1.0%，水分≤ 13.5%，不完整粒≤ 6.0%；色浅黄，颗粒饱满坚实、皮薄、均匀、无虫蛀，色泽、气味正常，具有该产品的典型性状。不得有霉烂、变质、出芽、返火、邪杂味现象。存放时间过长、无出芽能力等原因影响大曲质量的不得使用。

11. 汾酒大曲对豌豆有何要求?

对豌豆的质量指标要求是：纯粮率≥ 94.0%，水分≤ 13.5%，杂质≤ 1.0%。汾酒公司使用的豌豆为麻豌豆，颜色深灰、红灰或绿麻，要求颗粒饱满、圆实、皮薄、均匀、无虫蛀，色泽、气味正常，具有该产品的典型性状。“三不吃”豌豆不允许使用，皱缩变形严重、霉烂、虫蛀、变质、带农药味等不得使用。

12.“三不吃”豌豆为什么不能用来制大曲?

“三不吃”豌豆是一种小豌豆，质地坚硬，民间称为“三不吃”豌豆，即虫不吃、鸟不吃、牲畜不吃，用它制曲，不能保证大曲质量。

首先是制曲不来火、来火慢、来火小，温度达不到工艺要求。

其次是用“三不吃”豌豆制曲，曲心温度挺不住，保持曲块顶火温度时间短，在制曲操作上不敢大胆地有热有晾，晾曲时间稍长、温度稍低，曲心温度就再也起不来了；检查曲块的断面，容易出现干皮、黑圈等次品曲。

其三是由于曲心温度上不去，曲坯中水分排不透，有明显的残留水分区，贮放过程中茬口呈黑色或灰雾色，也易出现裂缝空心曲现象。

13. 大麦、豌豆各有何制曲特性?

大麦营养丰富，适合多种微生物生长。但其黏结性较差，本身带有较多的皮壳，纤维素含量高，曲坯质地过于疏松，有上火快、退火快的缺点，所以不宜单独使用。但是大麦曲具有良好的曲香味和清香味，不失为酿酒的好曲料。使用时必须添加豆类，以增加黏着力。

豌豆含蛋白质高，黏稠性大，易黏结成块，与大麦配合使用，可克服大麦曲坯疏松，而产生上火快、退火快、成熟快的缺点。但用量不宜太多，更不能单独制曲。

14. 使用霉变、生芽的大麦、豌豆对制曲有何危害?

使用霉变、生芽的大麦、豌豆踩制的曲坯，不仅原料本身有异味，影响酒的质量，并且原料中生长了大量的有害杂菌，其代谢产物会抑制正常的微生物生长繁殖。在制曲过程中将出现许多异常现象，使上霉情况不佳，产生曲皮，升温不正常，茬口不正，造成曲块质量低劣。用以酿酒会使酒带有异味，影响酒的质量和出酒率。

15. 大麦与豌豆如何搭配使用?

大麦与豌豆的配比一般为6∶4，微调比例 ±5%。

二、曲料粉碎

16. 什么是粉碎?

为了破坏植物组织以及使淀粉释放而采用的机械破碎的方法称为粉碎。

17. 粉碎的目的是什么?

粉碎的目的十分明确：释出淀粉，吸收水分，增大黏性。

18. 大曲原料粉碎度要求达到什么标准?

曲科用分样筛分别称重检测，每 250g 过 20 目筛上物一般在 10~45g，过 80 目筛下物在 35~65g，夏季略细，冬季略粗，做到皮粗面细。

19. 为什么说曲料粉碎是不容忽视的技术环节？

汾酒大曲生产中常出现曲皮厚、空心鼓胀、裂缝中生长霉变的气生菌丝、曲心水分排不透，以及黑心、风火圈等不合格曲，除制曲工艺本身有不合理存在外，其中一个重要原因是曲料粉碎不合格。汾酒中温大曲的曲料，要求皮粗面细，即大麦和豌豆皮要粗，曲料的面粉要细，有皮有面。既要使曲坯有一定的空隙，增加透气性，又要使曲坯踩得比较紧实，有黏结性，无过大空隙，使散热、蒸发、保温和保湿达到恰到好处。所以粉碎、踩制、培曲是一个统一的有机体，上道工序要为下道工序服务，共同为大曲质量做好工作。

20. 为什么曲料粉碎的粗细度要适当？

在粉碎过程中，如果曲料粉碎太粗，曲料的吸水性差、黏性小、不宜踩制，曲坯也易掉边角，不易成型；在培养过程中由于曲坯中曲料间隙大，水分迅速蒸发，热量散失快，曲坯过早干裂，上霉不好，表面粗糙，容易形成干皮；曲坯上火快，成熟也快，微生物不易繁殖。

如果粉碎过细，则曲粉吸水性强，踩制好的曲坯黏性大，曲坯紧密，透气性差，水分热量不易散失，微生物生长缓慢，曲块升温慢，成熟也晚，出房时水分不易排尽，容易造成曲坯沤心和鼓肚等现象。所以，在曲料粉碎过程中应严格按照工艺指标进行操作，避免出现粉碎度过粗或过细。

21. 曲料为什么要力求做到皮粗面细？

皮粗即皮壳较大较多，面细即面粉较细。粗皮在曲坯中起到牵拉作用，使曲坯在培制过程中不易开裂，有利于曲坯成型，有利于制曲过程中热曲和晾曲，曲坯透气性较好。面细可以保持曲坯水分和热量，稳定成曲时间，同时较细的面粉增大了接触面，有利于微生物生长繁殖。

三、压曲块

22. 汾酒大曲对加水拌和有何要求？

曲面加水拌和，要求和匀无生面、无疙瘩、松散、软硬一致，用手指捏成团为适宜，水分 37%~41%。

23. 汾酒大曲对曲坯有何要求？

拌和好的曲料用踩曲机压成曲坯，曲坯要平整，四面光滑，厚薄一致，软硬一致，四角饱满无缺，每块曲坯质量 3.25~3.5kg，规格 270mm × 170mm ×（62 ± 3）mm。

24. 如何鉴定踩制曲坯质量？

（1）合格曲坯应软硬适宜，曲坯直立不变形，不落粉；不合格曲坯或松软弯曲，或孔隙大，料粉易脱落。

（2）合格曲坯四面光滑平整，不合格曲坯表面粗糙，不平整。

（3）合格曲坯之间重量基本一致，不合格曲坯之间重量差别大。

25. 为什么踩制曲坯要厚薄均匀？

踩制曲坯是大曲培养的基础，踩制曲坯厚薄均匀，整房曲就会热晾顺利，一起达到成曲目标。轻曲虚曲曲心水分较早排透，成曲时间较短；重曲实曲曲心水分较难排透，成曲时间较长，曲坯厚薄不均会导致曲房无法均匀热晾，给培曲控温增加了难度，也容易造成成曲质量参差不齐。

26. 为什么踩制曲坯过紧过松都不适宜？

拌料不匀，踩制的曲坯就容易造成松紧不一，曲坯断面就会出现生面和疙瘩的现象。曲坯在培曲过程中，菌丝由表及里深入曲心，遇到生面繁殖受阻，使曲坯产生裂缝，与曲室空气相通，冷热相激，又形成更大的裂缝，致使裂缝中布满灰黑色的絮状菌丝和孢子，成曲质量低劣，这样的曲会给成品酒带来“生粮味”“霉苦味”。

踩曲机调试不当也会造成曲坯过松或过紧，若曲坯压得过松，水分迅速蒸发，易形成干皮，曲坯过早干涸，微生物繁殖不良，易造成糠心；反之，若曲坯压得过紧，菌丝难以由表及里地深入曲心，曲心的水分也难以由里向外充分散发，易造成生心曲或鼓肚曲，因此曲坯踩制过松或过紧均与成曲质量关系密切。

27. 踩制曲坯为什么要力求一次成型，尽量减少返工曲？

返工曲虽是经过疙瘩机打匀后，方准许重新踩制，但疙瘩很难彻底消除。打返工曲越多曲块中疙瘩也越多，曲块成曲过程中当曲心的热量和水分向外散发时，遇到疙瘩便产生阻力，热量和水分沿疙瘩边缘绕道而行，易产生裂缝曲，裂缝进一步加大就会长出灰黑色菌丝，给成品酒带来霉苦味。经过疙瘩机打碎的曲料进入踩制过程，有可能造成曲坯增厚、踩制不均的情况，给曲房培养造成困难。因此踩制曲坯时加水、搅拌、踩制应调整合适，尽量一次踩成。

28. 热季踩曲应做好哪些工作？

培曲过程就是微生物生长繁殖的过程，夏季气温高，杂菌繁殖快，要注意搞好现场卫生管理工作。

一是每日班前、班中、班后要彻底清理设备与物料紧密接触的部位。

二是生产完成后要将水箱内的存水排掉，生产时使用新鲜水。

三是散落物料、返工曲要及时回收使用，存放时间不宜过长。

四是使用的工用具要时刻保持清洁。

五是踩制底曲要另行交付培曲班组，单独培养。

29. 什么是踩制底曲？

踩制底曲是指踩曲刚开始试运行过程和踩曲结束时踩制的不完全符合标准的曲坯，一般为 10 块左右。卧曲时踩制底曲应单独存放，培曲过程中翻曲 2~3 次。

四、入房排列

30. 什么是卧曲？

卧曲也称为入房排列，是踩制曲坯按照工艺要求在曲房内有序摆放的过程。

31. 卧曲前应做好哪些准备工作？

卧曲前应检查曲房的窗户、暖气等基础设施，调节好曲房温度、湿度，准备好谷糠、苇秆、席子和工用具，提前将曲房打扫干净，并结合气候特点，春、夏、秋、冬采取灵活多样的管理手段，保证曲房环境符合制曲要求。

32. 曲坯入房如何排列？

踩制好的曲坯运入曲房，在地面先撒一层谷糠，排列第一层，曲坯上再撒一层谷糠，放置苇秆 7~9 根，上下“1”字形排列 3 层，曲坯间距 3~5cm，行距（1.5±1）cm，中间可留气道，每房曲块根据生产安排确定。卧曲前、卧曲中、卧曲后都要适时适度掌握窗户开关，检查曲房温度，以利晾曲和上霉。

33. 何为“三调整”？“三调整”的目的是什么？

汾酒大曲从入房排列到出房验收，曲坯的调整自始至终都在进行着。大的调整有三次称为“三调整”，即卧曲调整、翻霉子曲调整、抽苇秆调整。“三调整”的目的是为了均匀热晾。

五、上霉

34. 什么是上霉？它在制曲中有何意义？

上霉是曲料和环境微生物在曲坯表面富集、生长繁殖，使曲坯表面生长大量霉点的过程。上霉适中有利于保持曲坯的水分，为下一阶段微生物的生长繁殖打下良好的基础。

35. 上霉的主要微生物是什么？来源于哪里？

上霉主要微生物是假丝酵母、拟内孢霉、根霉菌丝等。其来源于制曲原料、井水、工用具、苇秆、苇席、谷糠、空气等。

36. 上霉阶段应如何操作？

上霉应注意控温缓火，缓慢升温，做好洒水保潮工作。曲坯盖席后，随着品温逐渐上升，表面渐生白色小斑点。此时要注意随时观察上霉情况，当曲表皮出水或升温过高时，应将苇席揭去，散散热气，晾利曲坯后再覆盖席上霉，也可进行多次上霉。曲表面生成芝麻霉后，揭席进行晾霉。

37. 什么是“二次上霉”？

曲坯上霉时，当发现曲坯表面出水或升温过高时，应将苇席打开，散发热气，使曲坯温度下降，待曲坯表面晾利后，再盖席上霉，此为“二次上霉”。

38. 上霉不足的主要原因是什么？

曲坯上霉不足的主要原因有二：一是夏季气温太高，盖席后曲坯升温迅猛；二是曲面太粗，曲坯水分易挥发。这两种情况都使上霉主要微生物不能良好生长。

39. 霉衣过重的主要原因是什么？

曲坯霉衣过重的主要原因是曲面较细，曲坯水分较大，上霉时间较长。通常曲坯的霉衣不能过重，过重的霉衣往往会发展成黑霉，甚至形成曲皮。正确的操作方法是：曲坯表面微露霉点就随时检查上、中、下各层曲坯的上霉情况，上霉情况因季节的不同而变化，不等曲坯霉点全部变白，即可渐次揭去苇席。古法上霉以薄撒的芝麻霉为佳。

六、晾霉

40. 什么是晾霉?

上霉结束时，曲坯表面长满了霉点，曲间品温较高，空气湿度较大。为了降低曲间品温、排放潮气，使曲坯发硬固型，需要采取揭席开窗晾曲的办法，称之为晾霉。

41. 晾霉的作用是什么？应注意哪些事项?

晾霉的主要作用是使曲坯发硬成形。

晾霉时应注意曲心温热，跟火稍紧，不要晾干曲心，期间注意用手摸曲，体会曲心是否温热。

42. 晾霉期如何进行控温操作?

揭席晾霉后，曲间品温骤然下降，此时要注意曲心温度，尤其是红心曲和冬季制曲，跟火要稍紧，不要晾冷曲心。期间注意用手摸曲，不能晾得过了头，否则容易造成升温困难，甚至形成曲皮。晾霉期升温一般采取台阶式逐日升温的办法，升温过快过猛容易造成裂缝，甚至曲心透气发霉。

43. 晾霉期如何进行翻曲操作?

曲表面晾霉干燥后进行第一次翻曲，由 3 层翻为 4 层，“品”字形排列，根据轻重虚实注意调整好曲坯的位置，地面撒适量的谷糠，中间用苇秆相隔，使用苇秆 7~9 根，曲间距 4~6cm，行距 1~1.5cm，中间可留出风道。视来火情况决定第二次翻曲的时间，第二次翻曲为四层原倒，方法与第一次翻曲相同。根据来火情况决定第三次翻曲时间和翻曲方法，决定是否进入潮火期。

44. 翻曲的目的是什么?

调整曲坯的温度、湿度，使整房曲均匀热晾。

45. 为什么翻曲要求间距均匀?

汾酒大曲培养不仅对热的要求较严格，对晾的要求更为重视。翻曲间距均匀有利于均匀热晾，码垛曲块整齐规范，不易塌曲。

46. 卧曲、翻曲为什么要留有通道、火道?

卧曲、翻曲时中间留有火道，四周留有通道，一是有利于曲坯热量、水分的交换，二是有利于操作人员随时检查曲坯的发酵情况。通道、火道的宽窄根据季节气候灵活掌握，热时宜宽，冷时宜窄。

47. 裂缝曲产生的原因是什么?

晾霉期以至潮火前，如果控制曲间品温高，来火过快过猛，曲坯热量散发过快过猛；或者曲料配比不合理、底曲面受潮、踩制时有杂菌污染就容易产生裂缝曲。如裂缝处收缩不好，断面茬口就会发污，甚至出现空裂现象，直接影响成曲质量。

七、潮火

48. 什么是潮火？

进入潮火期，曲房湿度明显增大，曲间品温明显升高，曲房又潮又热，故称为潮火。

49. 潮火阶段的作用是什么？

潮火阶段的作用主要体现在以下三个方面：

一是潮火阶段是发透生香的基础。

二是潮火阶段是不同品种大曲特点形成的基础。

三是潮火阶段是决定成曲顺利与否与所用时间的基础。

50. 大曲操作热晾曲的主要作用是什么？

热曲的作用是排除曲心水分，晾曲的作用主要是为了使曲心温度适当降低，有利于微生物向基质深入繁殖。

51. 潮火期如何进行热晾曲操作？

潮火期热曲品温达到最高点，一般品温两升两降，昼夜窗户两封两启，热晾较明显。热曲温度可根据曲坯所处阶段和曲坯发酵实际来确定。热曲不到位，曲心热不透，影响曲坯的透气性、成曲时间和茬口质量。晾曲时由于品温随气候、风向等各种条件的影响，主要靠经验和感觉来判定曲心温度降到什么程度。热曲过了头，晾曲不到位，容易使成曲断面出现火圈，茬口火色过重；晾曲过冷，影响下次热曲，冷热相激容易形成风火圈，甚至茬口灰雾，形成生心曲。

52. 潮火期如何进行翻曲操作？

潮火期曲房温度高，排潮量大。翻曲一般进入拉苇杆翻曲7层阶段。拉苇杆需进行轻重曲调整，“人”字形排列，中间留有火道，曲间距、行距根据实际情况灵活掌握，隔日或每日翻曲一次。

53. 三种大曲在潮火阶段最高温度的控制范围是多少？

清茬曲最高温度控制在44~46℃，红心曲最高温度控制在45~47℃，后火曲最高温度控制在46~48℃。

八、大火

54. 什么是大火？

曲坯进入大火期，曲心的水分和热量由于有了一层厚厚的“成曲皮”，排潮降温相对困难，明显感到干热，故称为大火。

55. 曲坯从潮火期进入大火期的感官标志是什么？

当曲心发透，酸味明显减少，嗅到干火味时表明进入大火期。

56. 大火期如何进行操作？

热曲品温进入顶点后，逐步进入大火期，曲心温度持续增高，品温逐日下降，晾曲时间相对延长。翻曲方法与潮火阶段相同，应适当放宽曲坯间距和火道，以利晾曲。

重点是掌握好晾曲的尺度，此阶段为制曲操作的关键阶段。晾曲时间过早过大时，有可能导致品温回落，容易出现熄火生酸，升温停顿，最终出现生心曲。晾曲时间延迟、晾曲幅度过小时，可能出现挤曲、烧心等问题。不同品种晾曲截火尤为重要，必须根据不同品种决定晾曲截火时间及尺度。

57. 生产中黑圈、黑心曲是如何产生的？

大曲的干皮越厚，曲心的热量和水分越不容易向外散发，就像隔了一堵墙，阻力很大，迫使热量和水分绕道散发，甚至出现裂缝。当热量和水分遇到特大阻力，不能散发时，曲心便沤成黑圈，严重者沤成黑心。

黑圈还可能是由于制曲工艺不合理造成的，在曲块培养阶段，品温猛升猛降，热曲温度高，晾曲过了头，曲心温度太低，再不容易热起来，由于这种工艺操作不合理形成的“黑圈”，又称为风火圈。

九、后火

58. 什么是后火?

曲坯培养接近尾声，品温已降至 40℃以下，95% 的曲坯已经成熟，只有极少部分曲坯还需要两热两晾持续操作，故称为后火。

59. 后火阶段如何进行操作?

后火阶段轻曲与重曲，四周曲与中心曲成曲进度难以一致，升温火不齐，导致温度计测曲结果和实际情况不完全相符，所以不能单纯依赖温度计，必须配合双手测温，手测曲热必晾。

晾曲的方法要做到开窗较大而时间较短，手测无热时关窗续热，晾曲过冷及晾曲不到位容易挤曲，黑道黑心、烧心、生心都可能出现。后火期一般隔日翻曲一次，为七层原倒。

60. 什么是烧心曲？

后火期温度过高，容易产生烧心，烧心呈黑色，带酱味及辛辣味，有不愉快的臭气，生成的曲称为烧心曲。烧心的微生物为芽孢杆菌、乳酸菌和酵母等。

61. 什么是晾红心？

晾红心一般出现在清茬曲中。清茬曲在制曲过程中，因后火期降温太低，或低温时间延续较长，容易出现晾红心。晾红心中的主要微生物是红曲霉菌，其分泌出色素，使曲块呈粉红色。

十、养曲

62. 什么是养曲？

养曲阶段，整房曲基本成熟，但曲块内的潮气依然存在，需要进行必要的养护，排出曲心多余水分，使其完全成熟，故称养曲。

63. 养曲阶段如何进行操作？

养曲阶段容易出现两个问题：一是茬口容易变色；二是成曲水分容易超标。在此阶段控制室温尤为重要，应保持在 25~36℃。如果曲还有局部来火情况需短时间开窗晾曲，直至品温与室温一致时方可停止热晾曲操作。

64. 生心曲是如何产生的？发现生心曲应如何操作？

在培曲后期，由于温度降低，以致微生物不能继续生长繁殖，造成生心。这是因为前期微生物繁殖最旺盛，温度极易升高；后期微生物繁殖力渐弱，水分亦渐少，温度极易降低；有益微生物不能充分生长，曲中养分也未被充分利用，故有局部为生曲的现象。

因此，在制曲过程中应常检查，如果生心发现早，可把曲块距离拉近一些，把生心较重的曲块放到上层，周围加盖苇席，并提高室温，促进微生物生长。如果发现太晚，内部已经干燥，则会造成生心。

十一、出房验收

65. 汾酒大曲的理化检测标准是多少?

清茬曲水分≤ 14%，后火曲、红心曲水分≤ 13%；糖化力≥ 750mg 葡萄糖 /（g 曲 · h），液化力≥ 0.7g 淀粉 /（g 曲 · 60℃ · h）。

66. 优质清茬曲的感官评定标准是什么?

曲块表面为芝麻霉，春秋冬上霉占曲块表面 80% 以上，夏季（六、七、八月份）上霉占曲块表面的 50% 以上。曲皮（夹皮周边）不超过 3mm，夏季皮厚不超过 5mm。气味清香，断面茬口为青白色，或有小于 10mm 的单耳红心，无其他颜色掺杂在内。

67. 优质后火曲的感官评定标准是什么?

曲块表面为芝麻霉，春秋冬上霉占曲块表面 80% 以上，夏季上霉占曲块表面的 50% 以上。曲皮不超过 3mm，断面呈灰黄色或带有红心、较轻火圈、火道。具有典型的曲香味或炒豌豆香味。

68. 优质红心曲的感官评定标准是什么?

曲块表面为芝麻霉，春秋冬上霉占曲块表面80%以上，夏季（六、七、八月份）上霉占曲块表面的50%以上。曲皮（夹皮周边）不超过3mm，夏季皮厚不超过5mm。断面曲心中心呈一道红、点红的高粱糁红（或金黄）色，允许有较轻火圈、火道，具有典型的曲香味（呈酱香味和炒豌豆香味）。

69. 感官评定时，三种大曲中红心率有何要求?

感官评定标准，清茬曲中要求红心率小于35%，后火曲中要求红心率大于20%，红心曲中要求红心率大于55%。

70. 目前，大曲出房检验的理化项目有哪些?

水分、糖化力、液化力。

十二、贮存

71. 出房大曲有何贮存要求？

为保证贮存曲坯质量，贮曲有以下四方面要求：

（1）曲棚要求 阴凉、干燥、通风、防晒。

（2）码垛要求 曲块间距 1~2cm，垂直码垛，组与组间留有风道。

（3）贮曲时间要求 贮曲 3~6 个月，经过三个月的贮曲，生酸菌大量减少，曲坯水分降低，酶活性趋于稳定。

（4）管理要求 贮曲过程中要经常检查贮曲情况，防止返火、返潮，大曲变质等现象。

72. 汾酒大曲为何贮存 3~6 个月？

大曲经过贮存称为陈曲，陈曲在酿酒上有许多优点。首先，大曲经过贮存，淘汰了大量的生酸杂菌，酿酒时酒醅因杂菌而引起的酸度就会降低；其次，大曲经过贮存酶活力有所降低，酿酒发酵时比较缓和，符合低温缓慢发酵的原则。所以，大曲贮存 3~6 个月后再使用是科学合理的。

73. 贮存大曲是否越陈越好？

根据生产试验，大曲存放三个月后，糖化力、液化力、发酵力趋于稳定。但贮存时间过长，生香酵母随着贮曲时间越长而越少。因此，不能因为传统操作要求使用陈曲，就误认为大曲越陈越好。实践证明，贮放多年的老陈曲，糖化力微弱，发酵力降低，所以大曲不是越陈越好。

74. 什么是火红心？

成曲中呈现的单耳、双耳、黄金一条线称为火红心。产生火红心是因制曲过程中温度较高，延续时间较长，升温幅度较大。红心曲断面中心为棕黄色及火红色，以黄曲霉为主和少量的红曲霉结合。

十三、成品曲

75. 大曲的化学成分是什么?

大曲的化学成分是水分、酸、还原糖、粗淀粉、总氮。

76. 什么是微生物?

微生物是指那些个体微小、构造简单，必须借助显微镜的帮助才能看清它们外形的一群微小生物。

77. 微生物有哪些共同特点?

（1）种类多　据统计，目前已发现的微生物种类有十万种以上，而且不同种类的微生物具有不同的代谢方式，能分解各式各样的有机物质。

（2）繁殖快　在适宜的条件下，大肠杆菌能在20~30min繁殖一代，比高等动植物的生产速度快千万倍。

（3）分布广 在自然界中，上至天空，下至深海，到处都有微生物存在。

（4）容易培养 大多数微生物都能在常温常压下，利用简单的营养物质生长，并在生长过程中积累代谢产物。

（5）代谢能力强 由于微生物的个体很小，具有极大的表面积和容积的比值。

（6）容易变异 由于大多数微生物是单细胞微生物，利用物理的或化学的诱变剂处理以后，容易使它们的遗传性质发生变异，从而可以改变微生物的代谢途径。

78. 大曲中常见的细菌有哪些？在酿酒中有何作用？

大曲中常见的细菌主要有球菌和杆菌（乳酸球菌和乳酸杆菌），还有醋酸菌和枯草芽孢杆菌。

乳酸菌：乳酸菌是自然界中数量最多的菌类之一。它包括球状菌和杆状菌，它能发酵糖类产生乳酸。乳酸菌在酒醅内产生大量的乳酸及乳酸乙酯，乳酸乙酯被蒸入酒中，使白酒具有独特的风味。但乳酸过量，会使酒醅酸度过大，影响出酒率和酒质，还会使酒带馊酸味、涩味。乳酸酯过多使酒呈青草味。

醋酸菌：它在自然界中分布很广，而且种类繁多，是氧化细菌的重要菌种，也是白酒生产中不可避免的菌类。醋酸是白酒的主要香味成分，同时也是酯的承受体，是丁酸、己酸及其酯类的前体物质。但醋酸含量过多，使白酒呈刺激性酸味。醋酸对酵母杀伤力也极大。

枯草芽孢杆菌：枯草芽孢杆菌是生芽孢的需氧杆菌，存在于土壤、枯草、空气和水中。制曲时，若水分过大，又未及时蒸发，极易受到枯草芽孢杆菌的入侵，并迅速繁殖，它消耗原料的蛋白质和淀粉，生成刺眼的氨气，造成曲子发黏和带异臭，影响大曲的质量。

79. 什么是酶？酶有哪些特性？

酶是由生活细胞产生的，具有蛋白质性质的有机催化剂。酶有四个特性：

（1）酶的催化效率高　酶的催化效率要比无机催化剂的催化效率高十万倍到一亿倍，它在细胞内温和的条件下，能顺利地进行催化反应。

（2）酶具有高度的专一性　一种酶只能催化特定的一种或一类物质进行反应，并生成一定的物质。

（3）酶反应的条件极为和缓　酶在生物体内催化各种化学反应是在常温、常压和酸碱值差异不太大的条件下进行。

（4）酶本身无毒　反应过程也不会产生有毒物质，酶是无毒、无味、无色的物质。

80. 酿造中有哪些主要酶类？

（1）淀粉酶　是将以葡萄糖组成的大分子淀粉加水分解成糊精、麦芽糖，最终生成葡萄糖的酶。

（2）蛋白酶　是分解蛋白质肽键一类水解酶的总称。制曲时，原料组成和配合比例及制曲温度对曲霉的蛋白酶生成及组分有很大的影响。原料淀粉浓度大，生酸多，则酸性蛋白酶大幅度增加。制曲温度偏低，蛋白酶活力高；制曲温度偏高时，则淀粉酶活力高。低温、延长制曲时间，是获得蛋白酶高活力的有效手段。

（3）纤维素酶　纤维素是植物细胞壁的主要成分，利用纤维素酶破坏细胞壁及细胞间质，使淀粉能得到充分利用，并将纤维素分解出部分可发酵性糖，这对提高出酒率有重大意义。

（4）单宁酶 将单宁酸加水分解，生成没食子酸及葡萄糖的酶简称为单宁酶，充分氧化是使单宁原料提高出酒率的重要措施。

（5）酯化酶及酯分解酶 酯是在酯化酶的作用下，将酸和醇缩合脱水而成的。

81. 汾酒大曲中有哪些主要微生物?

汾酒大曲中的微生物主要有：酵母菌、假丝酵母、汉逊酵母、毕赤酵母、芽裂酵母、根霉、拟内孢霉、犁头酶、毛霉、黄曲霉、黑曲霉、红曲霉、乳酸菌、酯酸菌、产气杆菌、芽孢杆菌、假单胞杆菌、小球菌等。

82. 构成汾酒清香风味的主要微生物来源有哪些?

构成汾酒典型清香风味的乙酸乙酯、乳酸乙酯、琥珀酸乙酯的芳香和口味成分的主要微生物来源是根霉、拟内孢霉、红曲霉、酵母菌、汉逊酵菌和乳酸菌，其中汉逊酵母是产生乙酸乙酯的杰出代表。

83. 汾酒大曲何时开始专业化生产?

1954 年开始生产单一的清茬曲，1964 年 1 月开始生产后火曲，1965 年 5 月恢复生产红心曲。

84. 清茬曲、红心曲、后火曲操作有何不同?

（1）三种大曲在晾霉、潮火、大火、后火阶段的控温标准有所不同。

（2）红心曲没有明显的晾霉期，即起潮火和晾霉结合进行，不大放潮，不大降温；红心曲有座火期，成曲时间较短；

（3）清茬曲为小热大晾，后火曲为大热中晾，红心曲为多热少晾。

85. 清香型汾酒大曲操作有何特点？

清香型汾酒大曲操作特点可概括为“三重”，即“重排列”“重热晾”“重调整”。

“重排列”是指从曲坯入房到成曲一般经 3 层、4 层、5 层、7 层排列层次，有“1”字形、“品”字形、“人”字形排列方式，中间留有火道，四周留有通道。

“重热晾”是指昼夜温度两起两落，窗户两封两启，热曲高点、低点都有标准要求。

“重调整”是指曲坯要经过卧曲初调整、霉子曲中调整、拉苇秆总调整三次大幅调整，操作过程中还要随时调整。

86. 汾酒大曲重排列的操作要求体现在哪几个方面？

（1）曲坯层数的变化 发酵过程中由 3 层翻为 4 层，由 4 层翻为 5 层、6 层或 7 层。

（2）排列方式的变化 卧曲时曲坯是“1”字形排列，4 层为“品”字形排列，5 层、6 层、7 层为“人”字形排列。

（3）曲坯间距、行距，曲房通道、火道随气候、品种、曲坯实际情况而变化。

87. 大曲在汾酒生产中有何作用？

（1）糖化发酵作用 提供菌源和酶，由于大曲中酶系作用和酵母菌的作用，使大曲产生“双边效应”，促使酒醅边糖化和液化，边发酵。

（2）生香作用 大曲中除含有众多微生物和酶之外，其培曲过程中所积累的一些代谢产物是酒醅发酵过程生香的前体物质。

（3）投粮作用 大曲的残余淀粉较高，占大曲成分的一半以上，这些淀粉不仅可以作为产生酒精的原料，而且可以带入众多的香味成分。

88. 如何理解“曲必得其时”的深刻含义？

汾酒十大秘诀之一“曲必得其时”的深刻含义，至少包括三个方面：

一是季节与制曲的关系 一般认为汾酒酿造以“伏曲”，即夏天7、8、9月生产出来的曲为最佳，随着制曲条件的改善，现在冬季也照样能生产出优质的汾酒大曲。

二是热晾曲时间要求 根据曲坯来火情况、不同品种曲工艺要求、气温特点决定热晾曲时间，尤其要掌握好大火期、后火期的热晾曲尺度。

三是贮曲时间要求 经过3~6个月贮曲，生酸菌大量减少，曲坯水分降低，酶活性趋于稳定。

89. 冬夏季制曲环境有何不同，各需注意哪些方面？

冬季气温低，空气干燥，室内外温差大，自然界中微生物的种类和数量相对夏季少。夏季气温高，自然界中各种微生物都生长旺盛，有利于制曲。冬季制曲要做好“三防”：

（1）加强曲室保温和曲间保温，防止冷热不均，出现黄点黄印、黑圈黑道现象。

（2）加强曲坯的前期保温热晾力度，防止生心、曲心发酵不良现象。

（3）严格工艺过程控制，实施两热两晾，热晾结合，防止理化评定不达标现象。

夏季制曲要注意以下几个方面：

（1）气温偏高，各种微生物都生长旺盛，易引起杂菌感染，应防止曲坯酸败情况的出现。

（2）空气湿度大，室内外温差小，应加强曲坯后期管理，切忌成曲水分过高，出房码垛间距小，防止贮曲返火、返潮，大曲变质等现象。

（3）坚持两热两晾，热晾结合，不可出现管理松懈，自然成曲，毛毛火，哼哼曲，防止茬口灰暗，感官理化不达标现象。

90. 微生物培养的营养物质有哪些？

微生物培养的营养源物质有碳源、氮、水、矿物质、生长素等五大类。

91. 投产大曲的比例是多少？

清茬曲、红心曲、后火曲比例为3 ： 3 ： 4。

92. 何谓白曲、花曲、底曲？

卧曲分为上、中、下三层排列，中间用苇秆相隔，上层的称为白曲，中间的称为花曲，下层的称为底曲。

93. 何谓“伏曲”？

夏秋接近伏天踩制的大曲，称为“伏曲”。夏季气温高，相对湿度较大，微生物生长繁殖旺盛，复合酶均衡，一般认为伏曲较好。

94. 制曲的基础、关键是什么？

原料质量是曲料粉碎的基础，曲料是踩制曲坯的基础，踩制曲坯是大曲培养的基础，翻曲是看曲的基础。制曲的每一个节点都是关键环节，上下道工序之间环环紧扣，任何一个环节出现问题都会影响下一工序的操作。提升制曲技术，加强工艺管理，提高工作责任心，才能圆满完成制曲任务。

95. 何谓红心“座火”？

红心曲没有明显的晾霉期，红心曲的“座火”更是培制红心的关键。“座火期”一般处于潮火的后期，大火的前期。让曲坯保持相对的高温，降温不低于35℃，并保持10天左右，使曲坯“座火”温度高，持续时间长，让有益微生物充分生长。经过“座火期”培养，曲坯有明显的炒豌豆香味。

96. 一般认为大曲曲皮有哪几种？各是如何产生的？

一般认为大曲曲皮有干皮、烤皮、淹皮、阴皮四种。

干皮主要是由于曲面粗，曲坯水分小，表皮水分挥发过多造成的。

烤皮主要是由于曲坯升温高，高温持续时间长造成的。

淹皮主要是上霉时表皮水分过大，表皮水分滞留时间过长造成的。

阴皮主要是曲坯温度低，低温持续时间长造成的。

97. 大曲操作七个阶段的要领（口诀）分别是什么?

（1）卧曲

卧曲间距排匀称

苇秆摆匀要铺平

厚薄软硬细检查

不合规矩莫放进

上下前后对齐整

曲面力求要放平

卧完晾好盖湿席

四周围严保潮湿

整个操作要仔细

上霉才能保顺利

（2）上霉

上霉管理易又难

控制温度是难关

温度过高易淹霉

水分不足易高温

来火过猛曲皮干

上霉不能保齐全

温度湿度调适当

曲霉才能好生长

操作管理要细致

尽力要把温控制

（3）晾霉

晾霉虽比上霉易
管理还需多注意
霉子上齐开窗晾
开窗大小要均量
气候冷热勤观看
晴雨风天不一般
阴雨热天开窗大
晴冷风天小开窗
莫让日晒吹大风
避免曲块裂了缝

（4）潮火

潮火阶段要保温
操作规程记心中
开始温度要略低
防止高温曲烤皮
温度升高开窗晾
开窗大小勿猛降
升降温度勿太大
六至八度较相当
曲块发酵变味气
就可进入大火期

（5）大火

大火管理最要紧
掌握温度要认真
升降温度遵规程
检查温度要细心
升降温度有限制
十度左右较适势
做曲全凭水火风
就是温度和水分
水分温度调节好
优质高产能确保

（6）后火

后火阶段火不齐
重曲温高轻曲低
检查湿度细注意
全面考虑要仔细
轻重都要照顾到
升温略低不宜高
前期降温略缓慢
后期速降勿过低
操作规程要注意
粗心大意出问题

（7）养曲

刚成大曲水分足
温度适宜菌繁殖
注意保温排好潮
继续变化曲更好
养曲温度要适当
三十二度是界限
以下不必开窗晾
室温品温保平衡
质量才能有保证

98. 古法汾酒大曲操作要领（口诀）是什么?

制曲操作第一步，检查曲面粗细度，
大麦豌豆六比四，配料均匀称量准。
搅拌匀，和好面，加水适当就制成，
无生面，无疙瘩，软硬一致挺光滑，
压得平，压得匀，四周饱满厚薄整，
每块曲重六斤半，卧曲入房有保证。
算清底数先弯腰，手把曲块先摇晃，
指根紧压曲两边，指稍紧压曲中间，
轻拿提稳快转身，看准位置放手稳，
轻曲放到两头上，重曲放在行中间，
铺平苇秆曲放上，前后对正距离匀。
打底数字要算清，提好距离要均匀，
斜度必以宽相称，曲块小面放齐整，

手似秤和温度表，轻重冷热全知道，

热曲轻曲放两头，冷曲重曲放中间，

左转右转都能翻，前前后后都成行。

升降温度看规程，缓升缓降是要领，

开窗要开背风窗，哪边热来晾哪边，

天气冷热和干湿，掌握条件要灵活。

晾曲棚来长又大，出房大曲都垛下，

清茬红心后火曲，分别出房不混淆，

感官评曲又化验，质量第一牢记心，

要通风，易干燥，不让大曲再起毛，

人字排列通风好，十三层高要垒到。

大曲存放很重要，水分酸度变化大，

微生物呼吸又活动，千万不要忘记掉，

刮风下雨保护好，不能淋湿霉烂了，

曲棚四周常打扫，清洁卫生要做到，

曲是骨头水是血，曲好酒好产量高。

99. 何谓“上霉三统一”？其主要内容是什么？

在生产实践和制曲指导过程中，武仲贤于2018年提出了“上霉三统一”的指令性上霉要点，“上霉三统一”即，统一思想、统一方法、统一标准。

统一思想　上霉是制曲的关键环节，上霉多少对大曲质量有着重要影响，要突破传统操作中上霉“够用”的思维定势，确立正确的上霉观。

统一方法　在保潮、晾坯、控温上统一做法。保潮：卧曲前、晾曲中、盖席后都要在曲房内洒足量的水，保证上霉潮度；晾坯：重新确立了晾曲的时间和尺度，缩短了关窗盖席的时间，避免了晾曲过度出现的干皮现象；控温：卧曲前、卧曲中、卧曲后、上霉中、晾霉期都要控制曲房的温度，利用开关窗户、控制暖气、盖席围席等方法，确保室温、品温符合工艺要求。

统一标准 提高“夏季上霉率50%，平季上霉率80%”的基本标准，在不产生黑霉、不影响曲皮的前提下尽可能多上霉，变“点霉”为“全霉”。

“上霉三统一”的运用，极大地改变了上霉现状，减少了曲皮，为曲坯的后期培养创造了良好的条件，提升了成曲质量。

100.“永建三法”的内容是什么？

“永建三法”是霍永建师傅在长期生长实践中总结出来的。“永建三法”成就了霍永建师傅带领的清茬曲团队多年来一直名列品种质量第一的业绩。

“永建三法”，即上霉决定法、晾霉定皮法、排水控制法。

上霉决定法 采取上霉前适量洒水、控制晾曲时间、加大卧曲间距、增加排气道、开关窗户、盖揭席子等手段，控制曲坯曲房温度湿度，确保上霉质量的方法。

晾霉定皮法 采取放宽曲间距、及时翻曲、轻重曲定位、调整曲坯的层次和行数、改变排列方式等手段，合理调整曲坯温度和水分，达到固形定皮良好效果的方法。

排水控制法 采取大火期提前、调整热晾曲时间、调整间距和火道、调整层次与行数等手段，控制清茬曲培养温度，体现清茬曲曲种特点的方法。

101. 红心“三要诀”是指哪三要诀?

红心“三要诀”是刘昌录师傅在长期操作过程中探索出的培养红心曲的关键技术要点，也是他带领的红心曲团队出色完成生产任务的关键。

一诀：良好的基础（上道工序）是红心曲产生的重要前提。

制曲原料很重要，

南北有别配比好；

粉碎度不宜小，

水大曲重有必要。

二诀：“座火”是红心培养的关键。

座火管理很关键，

轻重虚实要把关；

保温排潮看情况，

胆大心细操作严。

三诀：红心生成与后期管理密切相关。

后期管理很必要，

热晾结合要记牢；

多余水分要排掉，

善始善终成曲好。

102. 何为“看曲五法”？其内容是什么?

“看曲五法”是王广峰在生产过程中总结出的判断曲坯质量的方法，即“一看、二掂、三敲、四断、五闻”。

一看　不接触曲坯，通过观察曲坯的形态，预测曲坯的培养情况和曲坯质量。

二掂 用手掂一掂，感知曲坯的轻重虚实冷热，据此预测曲坯的培养情况和曲坯质量。

三敲 左手将曲坯托起，右手敲击曲坯，通过敲击的声音感知曲坯的培养情况、成曲茬口、是否存在质量缺陷。

四断 从中间打开曲坯，观察曲坯的茬口、色泽，判断质量情况。

五闻 用嗅觉感知曲房的用温情况、培曲进度、曲坯断面的香气等。

“看曲五法”展现了大曲职工运用多种感官，观察、检查、判断大曲质量的生动画面，体现了曲工精耕细作的工匠精神。

103. 何为“评曲五要点”？其内容是什么？

“评曲五要点”是王广峰总结生产过程，结合评曲实践提出的判定优质大曲的五个要点，即“霉满、皮薄、曲香、茬正、达标”。

霉满 上霉以全霉为好，上霉率应完全满足评曲标准。

皮薄 曲皮厚度不应超过 3mm，越薄越好。

曲香 闻曲香，应符合三种曲的香气标准。

茬正 三种曲的茬口色泽是不同的。清茬曲是清茬清口，一清到底，无其他杂色掺杂在内；红心曲呈单耳、双耳、金黄一条线红心；后火曲为灰黄茬口，允许轻微的火道火圈。

达标 理化指标检测应符合基本标准要求。

大曲质量最终要通过流酒质量来检验。从制曲的角度来讲，“评曲五要点”较全面地概括了检验大曲质量的全部内容，容易记忆，更便于在生产中运用。

第二部分

酿造生产

一、高粱润糁标准

104. 汾酒酿造的原料有哪些？

水、高粱、大麦、豌豆。

水，符合生活饮用水国家标准要求，呈弱碱性；高粱，为北方粳高粱；大麦、豌豆是酿酒用大曲的原料。

105. 高粱为什么是酿造白酒的好原料?

大米净、玉米甜、大麦冲、高粱香，由于高粱中含有单宁和色素，赋予白酒特有的香气。其他的粮食都不含有这种物质。

106. 汾酒高粱基地有什么高粱品种？它们有什么特点?

汾酒酿造采用专用高粱，目前有汾酒 1 号、2 号、3 号、9 号高粱专用品种。

该类品种高粱具有高淀粉含量、单宁适中、蛋白质含量相对较低的指标特点，这从源头上决定了汾酒具有良好的卫生指标、典型清香风格、酒质绵甜的特质。

107. 高粱的外观质量要求是什么？

要求色泽气味正常，颗粒坚实饱满、皮薄均匀，干净，无杂质，无霉烂，无变质，无虫蛀。

高粱中各成分含量一般要求如下：水分 14% 以下；淀粉 62%~65%；蛋白质 10.3%~12.5%；容重≥ 725g/L；脂肪 3.6%~4.4%；粗纤维 1.8%~2.8%；灰分 1.7%~2.3%。

108. 高粱为什么要求粉碎成 4、6、8 瓣？

其目的是将淀粉分子暴露出来，更易于糊化。但不能粉碎过细，如果粉碎过细会造成升温快，酒醅发黏，容易感染杂菌，所以要求粉碎成 4、6、8 瓣，能通过 1.2mm 筛孔的细粉占 25%~35%，整粒在 0.2% 以下，含壳量在 0.5% 以下。

109. 为什么要用高温润糁？

（1）使红糁能充分吸水膨胀，以便糊化，提高蒸粮效率。

（2）通过高温润糁，提前分解一部分有害物质，并在蒸糁时排除（如甲醇）。

（3）一般和糁的水温较高，酒质也较醇甜。

110. 润糁的工艺要求是什么?

（1）润糁水温 热季（5 月 ~ 挑醅）为 78~83℃；

冷季（立醅 ~4 月）为 85~93℃。

（2）润糁水量 715~781kg 加浆水量 275~319kg。

（3）堆积温度 热季（5 月 ~ 挑醅）为 47~52℃；

冷季（立醅 ~4 月）为 44~49℃。

（4）堆积时间 18~20h。

111. 润糁的操作要求是什么?

待热水放到 60% 时，集中人员边加水边搅拌，水完糁完，堆成一大堆。再立即分成四小堆，再合成两小堆，最后合成锥形的一大堆，再倒堆一次。高温润糁要求动作迅速，快翻快搅。

112. 润糁的质量要求是什么?

要求润透，不淋浆，无干糁、无白芽糁、无异味，无疙瘩，手搓成面，酸度在 0.2g/100mL 以内。

113. 倒糁的操作要求是什么?

和好的糁在堆积过程中要倒糁 2~3 次，每间隔 5~7h 倒一次。要倒彻底，做到外倒里、里倒外、上倒下、下倒上，必须放掉“窝气”，抿烂疙瘩。

二、蒸糁糊化标准

114. 蒸糁的目的是什么?

利用热作用使红糁的淀粉颗粒进一步吸水、膨胀、糊化和部分液化，以利于糖化发酵时微生物所产生各种酶的作用。

115. 蒸糁的操作要求是什么?

（1）红糁要装匀、装平、不压气、不窜甑。

（2）圆汽后加焖头量 2 桶（每桶约 15kg）。

（3）大汽蒸糁 80min 以上（以圆汽后计），糁上要覆盖辅料。

（4）蒸汽压力 0.08~0.20MPa。

116. 为什么蒸糁时间要达到 80min？

可以使红糁中的淀粉得以彻底地糊化；此外，也可杀死红糁中附带的杂菌，以保证后期发酵的正常进行。

117. 什么是红糁的糊化？

红糁的糊化是指红糁的淀粉颗粒在一定温度下吸水膨胀，淀粉颗粒破裂，淀粉分子溶出，呈胶体状态分布于水中而形成糊状物的过程。汾酒酿造用高粱的糊化是通过甑桶蒸煮来实现的。

118. 影响糊化作用的因素有哪些？

（1）原料的粉碎度。

（2）水分。

（3）润糁的温度与时间。

（4）蒸煮气压、温度与时间。

119. 蒸糁糊化的质量要求是什么？

熟而不黏，内无生心，有糁香味，无异杂味。

120. 什么是加浆？

蒸粮或者蒸酒完成后，加入新鲜冷水的操作称为加浆。

121. 蒸糁后加浆的作用是什么？

（1）使红糁二次膨胀糊化。

（2）降温。

（3）红糁不易结疙瘩。

（4）给入缸材料补足水分，以供微生物生长、代谢等活动所需，从而保证发酵正常进行。

122. 加浆后为什么要焖堆5min？

使加浆水充分渗透到淀粉颗粒内部，并进一步使水分均匀。

三、配料标准

123. 什么是合理配料?

所谓合理配料，就是要根据季节、气候、地温的变化、发酵升温情况，以及原辅料的特性，酒醅的淀粉、酸度、曲子质量等各种因素有机结合，而确定的科学合理的配料方案。

124. 汾酒所用辅料及质量要求是什么?

所用辅料是谷糠和稻壳。

谷糠质量要求：色泽黄且鲜亮正常的粗谷糠，2~3 瓣破开，无腐烂，无变质、无油腻、无农药化肥等邪杂味，杂物不超过 2%。

稻壳质量要求：色泽浅黄色，2~3 瓣破开，无腐烂，无变质、无邪杂味和农药味，杂物不超过 1%。

125. 为什么辅料要大汽清蒸 40min 以上？

大汽清蒸辅料 40min 以上，可以将辅料的异杂味提前去除，防止辅料味在蒸酒时带入酒里，保证酒体干净。同时，通过大汽清蒸也可起到一定的杀菌作用，保证食品安全。这是提高汾酒内在质量的有效措施之一。

126. 生产配料的粮糠比是多少？

（1）辅料总量为原粮的 25%，总重量≤ 275kg。

（2）谷糠和稻壳的比例为 3 ： 7 或者 4 ： 6，其中，谷糠全部用在大楂上。

（3）大楂用辅料为总量的 70%，大楂用量≤ 192.5kg；二楂用辅料为总量的 30%，二楂用量≤ 82.5kg。

127. 辅料在酿酒中的作用是什么？

（1）填充和疏松作用。

（2）冲淡酒醅中的淀粉和含酸量。

（3）促进酒醅发酵升温作用。

128. 酿酒用水及质量要求是什么？

酿酒生产水源的选择应符合工业用水的一般要求，酿造饮用水应符合 GB 5749—2006《生活饮用水卫生标准》要求，水质无色透明，在常温（20℃）时无异味，50℃时无异臭。

pH 为 5.0~7.0，电导率≤ 10，硬度≤ 0.3。

129. 生产配料的粮水比为多少？

粮水比为 93%~100%，润糁水量为原料的 65%~71%，焖头量为原料的 3%，后量为原料的 25%~29%，总粮水比为 100 ： 110。

130. 大、二楂入缸水分标准为多少？

大楂入缸水分为 52.5%~54.5%。

二楂入缸水分为 59%~61.5%。

131. 汾酒生产的大曲粮比是多少？其中大、二楂用曲比例各是多少？

大曲比例为 19%~20%，其中大楂发酵用大曲 9%~10%，二楂用大曲 10%。

132. 立醅用曲量为什么是 9%？

因为立醅时的材料酸度很小，发酵阻力小，淀粉容易被糖化发酵。

133. 汾酒生产使用的三种曲是什么？比例为多少？

所用三种曲为清茬曲、红心曲和后火曲。

比例为清茬：红心：后火 =3 ： 3 ： 4。

134. 冷散有什么作用？

（1）使蒸煮的原料及酒醅降低到入缸要求的温度。

（2）均匀加入发酵所需的大曲。

（3）散发挥发性物质及水分。

（4）使材料充分与空气接触而起氧化作用。

四、发酵标准

135. 什么是发酵?

细菌和酵母等微生物利用葡萄糖等物质进行生长、代谢，产生酒精及微量香气成分的过程，称为发酵。

136. 什么是淀粉的液化?

淀粉糊化为胶黏的糊状物，在 α－淀粉酶的作用下，将淀粉长链分解为短链的低分子的 α－糊精，并使黏度迅速降低的过程称为液化。液化过程中的淀粉酶主要由汾酒大曲的微生物来提供。

137. 什么是糖化?

红糁淀粉经糊化、液化后，被淀粉酶进一步水解成葡萄糖和糊精的过程称为糖化。糖化产生的葡萄糖是大曲中酵母、细菌重要的“食粮”。

138. 影响糖化过程的主要因素有哪些？

（1）原料的润糁、蒸煮是否彻底。

（2）大曲液化力活性的高低。

（3）发酵温度对糖化作用的影响。

139. 大楂入缸的操作要求是什么？

（1）将当日使用的发酵缸先用清水洗干净，再用花椒水刷一次，然后在每个发酵缸底撒 0.25kg 曲面。

（2）将配好料的大楂材料均匀地倒在 8 个缸内。

（3）用清蒸后的谷糠或无毒塑料布和棉被，均匀垫在缸边四周，上盖石板，再加盖保温材料。

140. 大楂入缸材料工艺要求是什么？

入缸品温为 10~15℃，冷季掌握中高线，热季掌握中低线。气温炎热时，做到宁冷勿热，尽量降低入缸品温。

141. 二楂入缸的操作要求是什么？

（1）将取出大楂酒醅的地缸及周边打扫干净。

（2）将冷散好的二楂材料均匀地倒入当天出了大楂后的 8 个缸内，每缸洒入酒精度为 25~30%vol 的酒尾 1kg。

（3）用二楂本身材料或无毒塑料布和棉被，均匀垫在缸边四周，上盖石板，再加盖保温材料。

142. 二楂入缸材料工艺要求是什么?

（1）入缸水分控制在 59%~61.5%。

（2）入缸温度控制在 17~22℃。

（3）要求入缸材料做到温度、水分均匀一致，材料利索，无疙瘩。

143. 入缸时为什么要求灭净疙瘩?

疙瘩有两大害处：一是疙瘩内部的温度较高，热量不易散发，入缸后导致来火猛，且易滋生细菌，是酒醅生酸的主要区位；二是曲子进不去，不能发酵。酒醅中的疙瘩阻碍曲粉和红糁的有效接触，使得糖化、发酵不充分；本来是二次清，结果成了一次发酵，酒自然少了许多。总之，疙瘩影响酒质、酒量的提高，所以，在冷散的同时应尽可能灭净疙瘩。

144. 用曲量大小有什么影响?

用曲量过大、发酵升温猛，不利于发酵并使酒味带苦。用曲量过小、升温太慢、发酵不彻底。

145. 为什么要控制好入缸温度?

温度是发酵正常的首要条件。如果入缸温度（入温）过高，会使发酵升温快或过猛，为杂菌的繁殖提供了有利条件，同时也打乱了糖化与发酵作用的协调，会使酒醅酸度过高，造成酒精产量减少。入温过低又不利于发酵的正常进行，所以一定要控制在工艺标准范围之内。

146. 为什么入缸材料要做到宁冷勿热？

原因如下：（1）高温入缸发酵，顶火快，持续时间短，前期发酵迅速，产酒数量低；（2）高温入缸导致新产大楂酒内有些物质含量产生显著性变化，导致酒体口感发生变化，新产酒酒体“香气较大，带酯香，有直冲感，醇和感弱，味短，尾带腻”。

品温变化方面，大楂材料在热季期顶火用时为5~7d，而且日升温幅度2~3.6℃，冷季期一般顶火用时需8~9d，日升温幅度1~1.5℃；二楂材料在热季期顶火用时为2~4d，日升温幅度3~4℃；冷季期顶火用时需4~5d，日升温幅度2~2.8℃。入缸温度低的话便于控制在此范围之内。

147. 低温入缸、缓慢发酵有什么好处？

（1）有利于醇甜物质的形成。

（2）有利于控酸产酯，符合前缓、中挺、后缓落的发酵规律。

（3）有利于控制高级醇的形成。

（4）有利于保持地缸的温湿度，在整个发酵过程中，能确保正常发酵，使发酵材料符合质量标准要求。

148. 为什么要控制好入缸水分？

适当的水分是发酵良好的重要因素。入缸水分过高，会引起糖化和发酵作用快，升温快和过猛，使发酵不彻底，出缸材料发黏、不疏松。水分过少，会引起酒醅发干，残余淀粉高、酸度低，影响发酵的正常进行，造成减产。

149. 什么是“三温定一温”？

三温定一温是通过地温、室温、七对时的品温来确定大二楂材料的入缸温度。

150. 发酵过程中为什么要控制好温度？

因为发酵过程中的温度对微生物的影响很大。微生物的生长发育需要在一定的温度范围内进行，同时微生物的生长发育代谢过程中，也会吸收或释放出大量的热，故微生物对温度亦有反作用。因此，在整个发酵过程中，温度是一个较难控制的状态参数，同时又是人为控制的主要参数。

而且由于微生物在发酵过程中很难摸清其变化规律，只能通过温度这个宏观参数来间接了解和控制微生物生长繁殖及代谢情况。因此，实际操作中可以通过对温度的控制来促进有益微生物（功能菌）的生长和代谢，抑制和消灭有害微生物的繁殖。

151. 酒醅发酵的管理原则是什么？

前缓、中挺、后缓落。

152. 什么是前缓、中挺、后缓落？

前缓：大楂入缸后，前 6~7d 温度上升缓慢，称为前缓期。

中挺：大楂入缸后 6~7d 至 16~17d（夏天短些），品温一直保持在 24~33℃，称为中挺期。

后缓落：大楂入缸16~17d开始直至酒醅出缸，品温缓慢下降，最后可降至24℃左右，称为后缓落。

153. 不同发酵期酒醅特点是什么？

前缓期：酒醅呈浅紫红色、味甜、稍黏。

中挺期：酒醅呈紫红色，松散有光泽、味苦涩、略带酸。

后缓落期：酒醅清香，呈紫红色，松散、味苦涩、酸度适中。

154. 为什么要前缓、中挺、后缓落？

因为酒精酵母的最适生长温度是28℃，而其最适发酵温度是32~33℃，即在发酵前期要给予适当温度，进行缓慢升温（前缓），以便微生物大量繁殖，但温度控制不可过高（防止升温过猛，引起菌种衰退），在发酵中后期注意温度保持（中挺，后缓落），保证微生物代谢产物积累有足够长时间的适宜温度。

155. 汾酒发酵过程中，为什么要求品温不超过33℃？

汾酒发酵过程中，酒醅本身是一个酵母和生酸共同繁殖而又相互抑制的极其复杂的环境。酵母自5℃以上就开始生长，10℃以上生长缓慢，30℃生长速度最快，超过30℃生长速度就降低了，死亡率大大提高。而酒醅中的产酸杂菌则适于较高的温度，在30℃以下，杂菌的生长速度低于酵母，温度越高，杂菌的生长优势越大。因而，大楂入缸时必须坚持低温入缸，这样既可以抑制酵母自身发酵迅猛而产酸，也可以利用异种微生物间最适生长温度的差异，达到扶酶抑杂的目的。所以，在汾酒发酵过程中，要求品温不超过 33℃为宜。

156. 为什么地温影响品温？

汾酒生产是以地缸为发酵容器，投料 1100kg，入 8 个地缸，单位体积酒醅占缸体表面积为 5.62，因此它的散热面积大。而且酒醅发酵中心距缸壁近，为 27~40cm，由此可知地温对它的品温影响是很大的。

157. 酒醅发酵时，为什么要将地缸缸口封严？

因为酒醅入缸发酵时，它的前期主要是微生物适应周围环境，大量繁殖菌群数量并积累分泌各种胞内、胞外酶的过程，实际上是一个微好氧发酵过程，材料入缸时带入的氧气就够用了。当酒醅发酵进入酒精生产和微量风味物质代谢阶段则多是厌氧发酵过程，不需要氧气了，所以缸口一定要封严，防止氧气进入。

158. 什么是见酒生酸？

见酒生酸是指立醅大糌酒醅出缸蒸酒后，二次入缸的二糌材料和新入红糁，发生杂菌感染，造成材料酸败的一种现象。

159. 为什么会出现见酒生酸的状况？

因为大糌的发酵醅到出缸时本身已经具有一定的酸度。发酵醅未出缸前产酸菌的繁殖和传播受到限制，发酵醅一出缸翻动，产酸菌见到空气，再加温度适宜的环境，活动繁殖非常旺盛。而发酵醅混入新酒醅或空气受到产酸菌的污染，很容易传染给新入缸的醅料，导致见酒生酸的现象。

160. 发酵醅生酸多的原因有哪些？

（1）蒸糁不熟，不透，糊化不好。

（2）醅料冷散不够，高温下曲，造成前火过猛，为生酸提供便利条件。

（3）工用具、冷散机、设备等栖息着大量的有害杂菌，清理不及时。

（4）封缸不严，醅料不满，造成大量空气进入，为产酸菌提供了便利条件。

（5）使用大曲贮存过短、质量低下。

161. 见酒防酸可采取什么措施？

（1）避开高温天气入料。

（2）做好生产现场的卫生工作，小平车、工（用）具、搅拌机、冷散机等要及时清扫干净。

（3）防止大水分操作。

（4）热季应该减少用曲量。

（5）尽量低温入缸。

（6）有条件的要分甑、分机、分楂冷散和搅拌。

162. 如何掌握酒醅入温及水分？

（1）在汾酒立醅期间，酿造班组应执行入缸温度的下限、入缸水分工艺参数的上限。

（2）冷季期大、二楂入缸温度执行工艺的中、高限水平。

（3）热季期随着地温、气温的温和回升，大、二楂材料入缸温度、水分应执行工艺参数的中低限水平。

163. 汾酒生产过程中，为什么要坚持养大楂、挤二楂的生产规律性？

所谓养大楂，是根据大楂酒醅入缸淀粉浓度高、酸度低、易生酸的特点，采取控制入缸水分、温度，防止酒醅生酸，使酒醅发酵温度“前缓、中挺、后缓落”缓慢发酵，达到大楂酒质量好，数量不少，酒醅酸度不高。

所谓挤二楂，即在大楂酒醅出缸酸度已成既定事实的前提下，如何在现有二楂酒醅入缸酸度的基础上挤出更多的二楂酒。而二楂流酒的多少、质量的好差，与二楂入缸酸度有关，而二楂入缸酸度又受大楂出缸酸度的影响，也就是说大楂养得好，酸度小，二楂材料发酵彻底，二楂酒就又多又好，对数出酒率就高。

164. 为什么夏季要饮缸？

因为地缸有导温、导氧作用。在酒醅发酵过程中，地缸的导温作用既保证了发酵前期酒醅温度的升高，有利于微生物的繁殖，在不同的季节，也起到限制醅温升高过快，控制升酸过量。在发酵后期，地缸帮助醅温降低并保持适当的温度，利于后期香味成分的生成。

地缸的微导氧作用在发酵前期可帮助好氧性的酿酒微生物快速繁殖，为后期的酒精发酵做准备。而且通过微生物分布试验结果也验证了地缸的导温、导氧最终影响到酒醅中微生物的生长和代谢，从而影响酒质。所以利用夏季停产饮缸，保证了地缸导温、导氧作用的发挥。

165. 为什么夏季不利于酿酒？

因为白酒在开放式的生产过程中，随着环境温度的升高，直接导致酿造微生物群落结构发生变化，各类有害微生物的代谢繁殖能力增强，并最终导致出酒率下降，优质率降低。

五、蒸馏标准

166. 蒸馏的原理是什么？

蒸馏是利用酒醅中各组分的沸点不同，通过加热、汽化、冷凝的方法，将乙醇及其他复杂的香味物质提取出来，并排除有害物质的操作。

167. 甑桶蒸馏的特点是什么？

（1）蒸馏界面大，没有稳定的回流比。

（2）传热速度快，传质效率高，达到多组分浓缩和分离的作用。

（3）甑桶蒸馏可以达到酒精浓缩和香味成分提取同步进行。

（4）甑桶排盖空间的压力降和水蒸气拖带蒸馏。

以上四个特点，保证了甑桶蒸馏的高效性，对于提取材料中的呈香呈味物质有好处。

168. 甑桶蒸馏的作用是什么?

（1）分离浓缩作用 蒸馏中由来自底锅的水蒸气和下层醅料气化的酒气，使醅料层所吸附的多组分的混合液，反复部分气化、冷凝和回流。

（2）杀菌和糊化作用 红糁经过甑桶 80min 以上的蒸煮，杀死原料附带的杂菌，同时可以使红糁中的淀粉得以彻底地糊化。

（3）加热变质作用 酒醅中的有些香气成分在蒸馏过程中容易发生化学变化，进而形成新的香气成分，通过蒸馏进入酒液当中。

169. 什么是“清蒸二次清”？

所谓“清蒸二次清”，是酿酒原辅料要经清蒸处理，蒸酒后的酒醅不再配入新料，只加曲进行二次发酵，原料清蒸和酒醅蒸馏都是单独进行。

170. “清字当头，一清到底”的“清”指什么?

操作上要做到：楂次清、糁醅清、用具清。红糁、大楂、二楂不得混淆。机械设备、工用具日日清，工完料尽场地清，环境卫生保证清。

171. 什么是“五步蒸馏法”？

装甑蒸馏时要“蒸汽两小一大,物料两干一湿,缓火蒸酒,大汽追尾”。

（1）装甑打底物料要干，蒸汽要小。既可保证撒散均匀，又有利于蒸汽均匀上升，减少酒的挥发。

（2）打底基础上，物料可湿些，蒸汽应大些。

（3）装甑最上层物料应干，蒸汽宜小，可有效防止酒挥发与窜甑事故。

（4）“缓火蒸酒”有利于延长酒精在醅料层中滞留时间，同时防止酒醅中高沸点有害物质蒸入酒内。流酒一段时间后，应稍微加大汽门，防止酒醅因自重增加而下陷。

（5）“大汽追尾”有利于产量的提高，同时较多的高沸点和极性大的风味物质馏入酒尾，增加新产酒酒体口感质量。

172. 装甑时，甑桶内酒醅装多少较为合适？

甑桶内醅料层高度在 0.6~0.8m 为宜，过高的料层材料，提香酒蒸气在排盖内滞留时间短；料层过低，导致该组分的风味物质含量降低甚至缺失。

173. 装甑蒸馏的时间要求是多少？

大楂装甑 40min 左右，流酒 35min 左右；二楂装甑 35min 左右，流酒 25min 左右。

174. 流酒时的“三控制”是指什么？

（1）控制汽门大小 因为蒸汽的大小对产品质量有很大的影响。汽小产的酒绵柔，香气大。而大汽产的酒，酒味冲烈，质量差。

（2）控制流酒速度 慢火流酒比快火流酒的质量好、正品率高、总酯含量能提高，控制流酒速度为 3~4kg/min 较适宜。

（3）控制流酒温度 流酒温度一般控制在 22~30℃，此温度既损酒少又跑香少，并能最大限度地排除有害杂质，可提高酒的质量和产量。

175. 新产汾酒“酒花”可分为几种？

（1）大清花 花大如黄豆，清亮透明、消失极快，酒精度在65~82度范围内，以76.5~82度时最明显。

（2）小清花 花大如绿豆，清亮透明、消失较慢于大清花，酒精度在58~64度时最明显。

（3）云花 花大如米粒，互相重叠铺满液面，存留较久，以酒精度为46度时最为明显。

（4）二花 又称水花，形似云花，但花大小不一，大者如大米，小者如小米，存留时间与云花相近，酒精度为10~20度。

（5）油花 花大如小米或小米的四分之一，布满液面，纯系油珠（杂醇油），以酒精度为4~5度最明显。

176. 装甑为什么不能压汽？

因为酒精（乙醇）的沸点为78.3℃，而水的沸点为100℃。酒醅受热后温度不断升高，至78.3℃酒精开始大量挥发，所以在用蒸汽加热的过程中，水还没有沸腾，乙醇就已经先沸腾了，这样就可以将酒从酒醅里蒸馏出来。随着蒸馏的继续，醅料温度不断升高，而其中的酒精含量逐步变少。如果有压汽地方，那么其他酒醅已经开始蒸馏水了，而压汽地方才开始蒸馏出酒，这样就会使流酒不利索，增加酒稍子的数量。

177. 三班下班时，为什么每天要清洗底锅?

因为甑桶的底锅里经多次蒸馏使用后带有酒醅的淋浆、酒尾、残糟等，如不及时清换，极易变质发黑产生异臭。因此，每天下班后要清洗底锅，保持干净整洁。

178. 蒸馏的五个要点口诀是什么?

缓汽蒸馏是原则，五个要点要牢记。
第一铺底要干松，基础打好汽上匀。
第二装厚汽稍大，较湿材料装当中。
第三收口关小汽，盖顶材料干而松。
第四见头接二斤，流酒用汽要平稳。
第五认清什么花，看花断酒掌握准。
稍酒必须拉到零，先关汽门后拉笼。

六、汾酒酿造技艺

179. 汾酒酿造工艺流程图是什么?

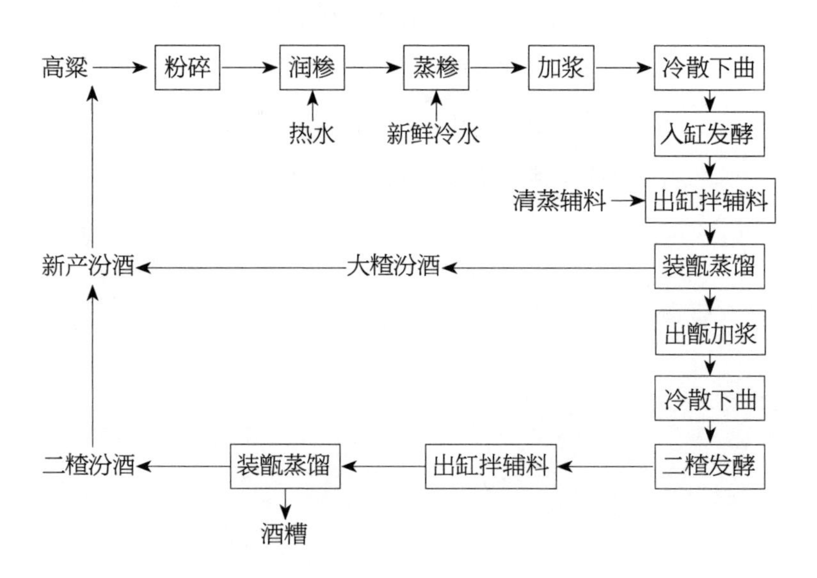

180. 汾酒工艺的独特性是什么?

（1）工艺上采用“清蒸二次清”、地缸、固态分离发酵法。

（2）操作上突出一个“清”字，即“清字当头、一清到底”的汾酒工艺的独特性。

（3）突出汾酒清、爽、绵、甜、净的质量典型性。

（4）养大楂挤二楂是汾酒生产的规律性。

181. 三高、四准、两过硬操作法是什么？

三高、四准、两过硬操作法是汾酒前人在继承传统汾酒酿造经验的基础上总结提炼的，经多年在实践操作中验证，它的先进性主要是做到了优质、高产。

（1）三高操作法　三高就是适当提高和糁水温，适当提高前量与总水量之比，适当提高流酒温度。

①适当提高和渗水温：适当提高和糁水温后，红糁吸水块，吸水量大，便于糊化发酵；破坏了 β - 淀粉酶的活性，阻止了还原糖的产生；可以排除部分杂质。红糁中含有果胶物质，在堆积的过程中，果胶酶可以将果胶质分解而形成甲醇，甲醇如果排除不掉，会影响酒质。和糁水温超过 95℃时，原料淀粉糊化发黏，果胶酶受到了破坏，减少甲醇的生成。

②适当提高前量与总水量之比：增加前量比有以下三点作用：第一，保证原料吸足水分，以利蒸煮糊化；第二，因前量较大，原料经过粉碎便能蒸煮得更均匀，因而蒸煮时可发酵性糖分的损失便较少；第三，有利于前缓发酵，但前后量之比必须适当。如前量过大，后量势必过小，红糁吸不上水，容易产生干、硬、冷疙瘩。因此，适当提高前量比例，但一定要掌握好度。

③适当提高流酒温度：汾酒中有几百种微量成分，绝大部分物质沸

点较高。汾酒蒸馏采用的是蒸汽带出法，流酒温度低，可以多流酒，但有害物质不易蒸出挥发，有益物质也不易蒸出，容易使酒糙辣不醇厚；流酒温度过高，酒损失多，酒中含铅化合物增多，有益物质挥发过多。流酒温度提高到22~35℃，中温偏上线，这样的酒质绵、甜。

（2）四准配料法 入缸水分掌握准，入缸温度掌握准，蒸料时间准，辅料用量准。

①**入缸水分掌握准**：水分在调节温度、酸度、酒精度、淀粉浓度，以及在蒸糁方面，都起着主要作用，水分大小直接影响汾酒质量和产量。水分过大，酒寡淡，不醇厚，酒中酸酯降低，质量不好。有的人为了求数量进行大水分操作，其实这是严重违反汾酒工艺的，是要坚决反对的。

在发酵方面，如果水分过大，微生物在营养丰富的环境中迅速繁殖，糖化菌迅速将糖转化为酒。与此同时，酒醅温度也迅速上升，前火过猛，当酒精度达到33度以上时，发酵菌感到疲劳，酵母易早衰，容易产生高级醇，酶活性降低，酒量生成减少，这时有害细菌乘隙而入，会将酒精转化成酸。封不好缸更是如此。

在蒸馏方面，由于水分大，酒醅发黏，不利于蒸馏的顺利进行。再者，酒精和水都一齐蒸出，其他物质在酒醅中的含量与蒸汽中的含量之比失去平衡，因而酒质杂味突出，腻味突出、寡淡、不醇厚。

在养大楂挤二楂方面，入缸水分掌握得准，不仅保证了大二楂流酒比例在60 ∶ 40到55 ∶ 45，而且二楂酒也多，质量也好。往往大二楂酒都是优质酒。同时便于二楂管理，大楂材料利索没酸了，二楂水分就可多些，入温更好掌握，保温也敢硬些。

②**入缸温度掌握准**：入缸温度与水分、地温、季节、淀粉浓度相结合。全排总体入温应偏低不偏高，也就是宁冷勿热，冷些好管理，一热就被

动了。根据三温定一温，一定要根据气温、地温高低，以及地缸的位置，冷缸还是热缸等多方面因素考虑适当的入温。

③蒸料时间准：蒸红糁时间 80min 以上，蒸糁要上汽均匀，不夹生，使红糁中的淀粉得以彻底地糊化；此外，也可杀死红糁中附带的杂菌，以保证后期发酵的正常进行。蒸辅料时间 40min 以上，清蒸辅料当天不用，放冷后第二天用，以减少酒中的细腻邪杂味。

④辅料用量准：要根据酒醅出缸的干湿情况，掌握好辅料的用量。大楂酒醅利索，可以节约一些辅料，留给二楂用，这样二楂入缸不紧不松，空气含量少，有利于二楂发酵。酒醅与曲接触面积大。其次减少了二楂酒的糠腥味和邪杂味。如果出缸酒醅水分较大，酒较多，辅料可多一些，有利于装甑，更好地提出酒。

（3）两过硬操作法

①保温发酵管理过硬：由于汾酒发酵规律是前缓、中挺、后缓落，而且工艺要求入温要做到宁冷勿热，所以在保温发酵管理上一定要过硬。

材料入缸后是边糖化边发酵，前期的缓慢糖化，对酵母生育、繁殖个体很有好处，所以前期六七天发酵要求火力缓一些。前缓过后就进入中挺期，此时为主发酵阶段，微生物生长繁殖以及发酵作用均极旺盛，主要靠大量的活酵母进行汾酒发酵，温度在 26~33℃，中挺期将延续一周左右，所以到了中挺期，就应在保温上紧紧跟上。思想行动上都不能放松，通过过硬的保温，保证顶火温度的持续，保证酒醅发酵的正常进行。

二楂入缸后不同于大楂，水大、温度高、空气多，酸度大，所以发酵来火快，3~5 对时往往就顶了火，因此要及时保好温。以前酿酒师傅们说的：“脚板子底下出好酒”，就是对发酵保温管理的重视。冬季要前踩、中紧、后跟，一直保到二十对时。夏季要前松，中后留心，保温材料满而密，绝不允许漏气。正起火的材料如果挺不住，就不能充分完成发酵，造成产量下降。

总之,所谓保温过硬,就是说要掌握发酵规律,在低温低水分情况下,硬是通过保温管理把材料发醒、发透，而不是用大水分把材料泡透。

②**四均匀过硬**：酿酒工人过去常说：“做酒是粗人做细活”。所谓粗人是指没多少文化的工人、农民，谁都可以做，只要有力气，所谓细活是在均匀上下功夫，要过得硬。

四均匀是水、料、曲、温均匀一致。

从和糁开始，四二合一再倒一、做到水、料、温度三均一。

装糁做到汽料均一，糁完汽圆，不刨糁，不找汽。

上后量，边倒边上量，做到水料均一，糁完水完。

冷散时做到曲、料、温度三均匀。

搅拌装甑，要将酒醅与辅料搅拌均匀，严格执行五步蒸馏法，做到料汽齐平二均匀。

这个四均匀，看起来很简单，但做起来很不容易，需要细心认真，有责任心，有操作经验，严格执行工艺。

182. 汾酒酿造十大秘诀是什么?

（1）人必得其精。

（2）水必得其甘。

（3）曲必得其时。

（4）粮必得其实。

（5）器必得其洁。

（6）缸必得其湿。

（7）火必得其缓。

（8）料必得其准。

（9）工必得其细。

（10）管必得其严。

七、白酒微量成分

183. 酿酒微生物的特点是什么?

种类多、繁殖快、分布广、容易培养、代谢能力强、容易变异。

184. 酿酒工业上常用的微生物主要有哪些?

有细菌、酵母菌、霉菌等。

185. 白酒生产中常见的细菌有哪些?

乳酸菌、醋酸菌、丁酸菌、己酸菌及其他。

186. 白酒生产中常用的酵母菌有哪些?

酒精酵母、产酯酵母。

187. 白酒生产中常用的霉菌有哪些？

曲霉、根霉、毛霉、木霉、红曲霉、拟内孢霉、青霉等。

188. 白酒中的主要微量成分有哪些？

有机酸、高级醇、酯类、醛酮类物质等。

189. 汾酒的主体微量成分有哪些？

乙酸乙酯、乳酸乙酯。

190. 有机酸类物质的主要作用及特点是什么？

白酒中的酸类物质基本上是有机酸，常见的酸有乙酸、乳酸、己酸、丁酸等。酸主要表现为对味的谐调功能，压香增味。

酸类物质在白酒中起的主要作用如下：

（1）增长后味。

（2）减轻或消除苦味和杂味。

（3）可以出现回甜感。

（4）可以适当消除糙辣感，增加白酒的柔和感。

（5）可以减轻中低度白酒的水味。

191. 乳酸、己酸各有什么特点？

乳酸：不挥发性酸，微酸有涩味，适量有浓厚感，香气微弱而使酒质醇和浓厚，过多则发涩；乳酸比较柔和，它给白酒带来良好的风味，是白酒的重要香味物质，而且是许多香味物质的前体。同时也影响酒的回甜。

己酸：己酸适量能增加白酒的浓郁感和丰满感，较柔和，也有汗臭味。

192. 高级醇（俗称杂醇油）对酒体有什么影响?

醇类物质的沸点比其他组分略低，易挥发，在挥发过程中拖带其他组分一起挥发，起到助香的作用。同时它是构成白酒相当一部分味觉的骨架，主要表现为柔和的刺激感和微甜、浓厚的感觉，但有时也会给酒带来一定的苦味。

醇类物质含量对酒体的影响为：

过少会失去传统的白酒风格，酒体口味不协调。

过多则会导致辛辣苦涩，给酒带来不良影响，而且容易上头，容易醉。常常带来使人难以忍受的苦涩怪味，即所谓“杂醇油味”。

193. 白酒中常见的醇类及特点是什么?

白酒中常见的醇主要有正丙醇、正丁醇、异丁醇、异戊醇、丙三醇、β-苯乙醇等。

正丙醇：增前香，延后味，形成甘爽的后味。

正丁醇：突出体香，柔和协调酒体。

异丁醇：增加刺激感，尤其是口腔中部，增浓厚感，提香气。

异戊醇：丰满酒体增加刺激感，浓厚感，辅助风格，提香气。

丙三醇：增浓厚感，促进甜味，延长后味，圆满酒体，避水味。

正己醇：增浓厚丰满感觉，增回味持久感觉。

2，3- 丁二醇：典型风格，丰满圆润酒体，促进喷香。

194. 白酒中主要的酯类物质有什么？

在白酒成分中除了水和乙醇外，酯的含量排在第三位。白酒中的酯主要是由醇类物质和酸类物质通过酯化反应脱水生成的，白酒中的酯类物质多是乙酯。酯是白酒的主要呈香物质，它决定了酒的香型。

白酒中含量最高的酯主要是乙酸乙酯（香蕉、苹果香）、己酸乙酯（苹果、菠萝香）、乳酸乙酯（奶油、花果香）和丁酸乙酯（菠萝、木瓜、苹果香），这就是白酒中常见的四大酯。

195. 酯类物质的特点及作用是什么？

酯类物质协调则酒体香气好，浓郁，具有典型的风格和特征。反之则现杂味，甚至偏格。

乙酸乙酯：清香型白酒的主体香，其含量可达 2326mg/L，在白酒中与其他香味成分配合，在喷香中起协调作用。沸点较低，与水的相溶性好。含量越大，则己酸乙酯香气越小，说明乙酸乙酯对己酸乙酯香气有掩蔽作用。

己酸乙酯：浓香型白酒的主体香。适量时入口表现微甜，浓时呈辣味和臭味。

乳酸乙酯：在白酒中为主体呈香成分。特征：香弱，香不露头，多则苦涩，味微甜，适量有深厚带甜的感觉，定香作用，是地道的老白干味的主体香。在一定的含量范围内，对己酸乙酯有助香作用。

甲酸乙酯：感官特征似桃香，味辣，有涩感。对白酒头香起协调作用，可使酒体香气清爽入口，是喷香的协调成分之一。

196. 白酒中醛酮类物质及作用是什么？

白酒中的羰基化合物主要有醛类和酮类，白酒中检出的醛类有乙醛、乙缩醛、丁醛、异丁醛、异戊醛等，它们的主要作用是给白酒增加爆辣感，乙醛、乙缩醛有提香压味的作用。

白酒中检出的酮类物质主要有丙酮、丁二酮、3- 羟基丁酮等，这些酮类多有愉快的芳香，并带有蜂蜜的甜味，但有极少数使白酒有杂味。

羰基化合物具有较强的刺激性气味。赋予酒体较强的刺激感，也就是人们常说的酒劲大的原因。这一类化合物也是构成白酒风味的重要香气成分，大约占微量成分总量的 6%~8%。它除了自身呈香之外还有提香和增加入口喷香的作用。另外，缩醛类物质在白酒贮存老熟过程中不断增加，赋予白酒清香柔和感。

少量醛类可以增强酒的放香，能使酒形成优美的风味。如果一般酒品中出现酒味辣燥、刺鼻的现象，并有焦苦味出现，那必定是酒中含糠醛较高的缘故（一般高于 0.03g/mL 就会出现上述现象）。

乙醛是酒头香的主要物质。糠醛是酒香的重要物质，不少好酒都含有一定量的糠醛，一般含量为 0.002~0.003g/mL。

其他如异戊醛、正己醛、香草醛等，也能使酒形成优美风味。

197. 白酒的主要呈香呈味物质是什么？

综合而言，白酒的度数高低取决于乙醇的含量；白酒的主要香气成分是低级脂肪酸酯、低碳的羰基化合物和高级醇；白酒的主要呈味物质是酸类、高级脂肪酸酯和多元醇。

八、酒体成因

198. 新产酒的质量等级分为几级?

分为四级：特级酒≥ 80 分，优级酒 65~79 分，一级酒 61~64 分，另存酒≤ 60 分。

199. 新产汾酒的感官要求及评定标准是什么?

项目	分值 100 分	评定标准	得分
色泽	5	无色清亮透明	5
		色不正，带浑浊、悬浮物或沉淀	按另存酒论
香气	30	清香纯正、主体香（糟香）或焦香突出	24~30
		清香较纯正	19~23
		清香正	17~18
		清香欠正、异香味明显（非清香型酒应有的香）	17 以下
		带有特殊香气	
醇厚度	30	醇厚（醇甜、特甜、特绵）	23~30
		较醇厚（淡、杂、甜、酸）	18~22
		尚醇厚	17~18
		欠醇厚	17 以下

续表

项目	分值100分	评定标准	得分
爽净	30	爽净	23~30
		较爽净、尚爽净（杂、苦）	18~22
		欠爽净(味杂、腻杂、辅料味、糠味、邪杂、胶皮味、油腻味、异杂)	17~18
		严重霉味、腻味、异味或其他邪杂味、异香类（非清香型酒应有的味）	16以下
		带有特殊品味	
风格个性	5	风格典型	1~5
		带有特殊香气、特殊品味	按特级酒定

注：醇厚度与爽净度为口味的描述

200. 新产汾酒的理化要求及指标有哪些?

项目		指标	检验方法
甲醇/（g/L）		≤ 0.3	GB 5009.266−2016
杂醇油（以异丁醇+异戊醇+正丙醇计，g/L）		≤ 1.0	GB/T 5009.48−2003
铅（以Pb计）/（mg/kg）		≤ 0.03	GB 5009.12−2017
氢化物（以HCN计）/（mg/L）		≤ 0.5	GB 5009.36−2016
塑化剂	邻苯二甲酸（2-乙基己基）酯（DEHP）/（mg/kg）	≤ 0.3	GB 5009.271−2016
	邻苯二甲酸二异壬酯（DINP）/（mg/kg）	≤ 0.4	GB 5009.271−2016
	邻苯二甲酸二正丁酯（DBP）/（mg/kg）	≤ 0.15	GB 5009.271−2016

注：甲醇、氰化物指标以100%vol酒精度折算；杂醇油按60%vol折算；其他指标按实测值计

项目	指标			
	大楂			
	立醅 ~12 月		1 月 ~ 挑醅	
	特、优、一级	另存	特、优、一级	另存
酒精度 20℃ /%vol	≥ 67.00	< 60	≥ 67.00	< 60
总酸 /（g/L）	0.35~1.20	< 0.20 或 > 1.70	0.50~1.50	< 0.20 或 > 1.70
总酯 /（g/L）	2.00~8.50	< 1.50 或 > 11.00	3.50~10.00	< 2.30 或 > 11.00
乙酸乙酯 /（g/L）	1.50~6.00	< 1.30 或 > 7.00	3.50~10.00	< 1.50 或 > 7.00
固形物 /（g/L）	≤ 0.30			
项目	二楂			
	立醅 ~12 月		1 月 ~ 挑醅	
	特、优、一级	另存	特、优、一级	另存
酒精度 20℃ /%vol	≥ 65.00	< 60.00	≥ 65.00	< 60.00
总酸 /（g/L）	0.45~1.30	< 0.20 或 > 1.70	0.55~1.60	< 0.20 或 > 1.70
总酯 /（g/L）	2.50~10.00	< 1.50 或 > 11.00	3.50~10.00	< 2.50 或 > 11.00
乙酸乙酯 /（g/L）	1.50~5.00	< 1.30 或 > 6.00	2.00~5.00	< 1.50 或 > 6.00
固形物 /（g/L）	≤ 0.30			

注：发现有非清香型白酒自身发酵产物的酒样，按另存酒计

201. 汾酒为什么具有清香、纯净的特点？

汾酒采用高粱为酿酒原料，采用“清字当头，一清到底”的独特性工艺，楂次清，地缸发酵，石板封口，酿酒场地及设备工用具清洁，保证了酒体的清香、纯净。

202. 为什么新产酒口感燥辣、不绵柔？

究其原因主要来自游离乙醇、乙醛的刺激性和杂味物质的干扰。

203. 新产酒的邪杂味是怎么产生的？

当白酒中各种微量香气成分的比例不协调，或因某些香味成分过量时，就产生了邪杂味。

204. 辅料味（糠杂味）的产生因素有哪些？

（1）辅料发生霉变、不清洁，有异味。

（2）清蒸时间不够40min。

（3）酿酒场地不干净，生熟辅料混在一起。

（4）过夜酒糟或不卫生酒醅混入正常酒醅中。

（5）据江南大学研究成果表明，大曲当中过多的链霉菌也是使酒体带有糠杂味的原因之一。

205. 什么是好酒？

好酒在酿造工艺上的三个基本标志就是“大曲、纯粮、固态”，饮酒后的感觉上就是不上头，或是喝多后不头痛。

206. 酒中有苦味的原因是什么？

（1）用曲量过大（曲大酒苦）。

（2）由过量的高级醇、琥珀酸、少量的单宁、较多的糠醛和酚类化合物引起。

（3）在发酵过程中由氨基酸分解脱氨而生成的杂醇油是苦的。当适量时它可以成为酒香、酒味的主要成分，丰富香气及口感，但过量时则成为苦涩之源。其中丁醇极苦，正丙醇有苦味，异戊醇甜中带苦。

（4）酒中糠醛也有严重的焦苦味，当白酒生产工艺不正常时，酵母菌和乳酸菌共同作用生成丙烯醛，丙烯醛有极强的持续性苦味。

（5）还有些白酒在生产过程中使用变质的粮食、糠壳、酒曲等，在酿造发酵过程中产生脂肪酸、二肽氨基酸等苦味物质，使酒体甜中带苦、回味反苦。

（6）还有就是水质，没经过处理的水中含有大量的碱金属盐类、硫酸盐类，它们大多数是苦的，在酿造、配制酒时把苦味带入酒中。很多酒厂忽略了这一点。

207. 酒味短、淡的原因是什么？

（1）在白酒酿造过程中，粮食蒸煮、糊化、糖化不好，在蒸酒过程中没有做到按质接酒、量质并存。接酒时，中后段酒接得过多，酒精度较低，酒味较淡。同时，白酒发酵期长短也与酒味长短有关系，时间越短，酒味就越淡、越短。

（2）总酸含量偏低。

（3）在白酒勾调时配方设计不合理，酯、酸、醇、醛、酮等之间的量比关系不好，特别是酒体协调成分比例不恰当，致使酒体寡淡、味短。

208. 酒体闻香冲鼻、香爆的原因是什么？

（1）流出的酒没有经过较长时间的贮存，酒中带有刺激味的硫化物、醛类物质等没有挥发而引起。

（2）未经贮存的新酒一般都入口冲辣、爆燥，这是因为新酒中，低级醛类含量较高，贮存时间短，还没来得及挥发或者缔合而引起。

（3）流酒过程中没有充分地掐头去尾，低沸点物质没有充分挥发。

（4）勾调过程中，配方设计不合理。

（5）在调酒时，基酒、调味酒选用不合理，选用了新酒、前段酒、异杂味的酒等。

209. 酒中有涩味的原因是什么？

产生涩味的原因是，味觉神经被麻痹，舌头上的黏膜蛋白凝固产生收敛作用，使味觉感到涩，口腔有不滑润感。

白酒中出现涩味，主要是因为有过量的乳酸及其酯类、单宁、木质素，以及其分解产生的有关化合物（阿魏酸、丁香酸、丁香醛、糠醛、杂醇油等），其中异丁醇、异戊醇涩味较重。

210. 酒体入口燥、爆、辣的原因是什么？

在白酒中辣味不属于味觉，是刺激鼻腔和口腔黏膜的一种痛觉。酒中的冲、爆、辣味要适度、适当，酒喝起来才有劲、够味儿，太辣、太爆、太冲时，酒就不好喝了。其主要原因是：

（1）酒体协调度不够，某些成分含量过高而引起的。

（2）一般情况下，白酒入口冲辣、爆燥主要来自醛类，极微量的醛类与酒精相遇即形成辣味，如糠醛、甘油醛、乙缩醛、乙醛等都很辣。

（3）未经贮存的新酒一般都入口冲辣、爆燥，这是因为新酒中低级醛类含量较高，贮存时间短，还没来得及挥发或者缔合而引起。

211. 生产上控制乳酸乙酯的途径有哪些？

（1）缓慢装甑，缓火蒸馏 缓慢装甑有利于酒醅中的高浓度酒精的汇集和形成，进而在甑内完成向粮、醅进行充分的浸透、扩散、提出等提香过程。若过快装甑，会造成大量乳酸乙酯的蒸出，一般装甑时间不能少于 30min。

缓火比大火蒸馏的酒酯含量高 2%，且蒸馏率高 10%，正常蒸馏 20min，乳酸乙酯为 150mg/100mL，而大汽蒸馏 10min. 乳酸乙酯升至 300mg/100mL。缓火蒸馏，既能提酯增香，更能增香控乳。

（2）陈曲发酵 新出房大曲须经贮存陈化方能用于酿酒，其目的是将大曲置于干燥条件下，使潜入的一些产酸菌（乳酸菌等）失去生存能力而死掉，投入发酵时减少酒醅染菌产酸，减少乳酸乙酯的生成。

（3）及时清理底锅水 底锅水中含有淀粉、糖、酒精等有用物质，也含有较多的乳酸乙酯。一是蒸馏过程中高沸点乳酸乙酯回流底锅所致；二是因为底锅水在班后未及时清理，染菌酸败，所以需及时清理底锅水。

（4）加强卫生管理 卫生差易染菌，尤其是乳酸菌等，既影响出酒率，又影响酒的质量。

（5）控制入缸温度，控制用曲量 以防升温过猛，升酸大，糖化发酵不协调，造成残糖过高，形成大量的乳酸。

第三部分

勾贮生产

一、收酒操作

212. 新产汾酒入库操作流程有哪些?

（1）开启电源 电子秤预热 15min，检查收酒容器和用具，启动收酒称重管理系统。

（2）开始收酒 录入交酒生产班组名称、糌别，按糌别过秤，核实数量保存。

（3）放置过滤网 将大二糌、酒头分别倒入指定收酒缸（箱），循环均质。

（4）收酒人员取样检测酒精度 录入收酒称重系统，盖好缸（箱）盖。

（5）核对空酒篓，回皮称重 录入保存数据，做好收酒原始记录。

（6）确认相关信息后 收酒系统自动打印《交库产品验收单》，交接人签字，收酒操作流程结束。

213. 新产汾酒的检验项目及等级判定有哪些?

新产汾酒的检验项目分为感官检验和理化指标检测。

（1）感官检验　评酒人员按照感官品评标准和流程，对酒样划分等级。

（2）理化指标检测　理化检测酒精度、总酸、总酯，采用近红外线分析仪检测，其他指标采用国标方法检测。

感官品评结果和理化检测结果导入计算机系统，根据感官结果和理化测定结果对照标准自动汇总生成新产酒等级。

214. 新产汾酒的分级并酒如何操作?

并酒人员根据《新产酒质量监控系统》导出的分级报表，在收酒缸（箱）上标识产品等级，核实后按照等级分别并入指定的新产汾酒分级贮酒罐中，做好分级并酒记录。

另存酒单独贮存，标识生产班组名称、生产日期、交接日期等信息。另存酒贮存后复评，根据复评结果处置。

215. 收酒过程中有哪些关键质量控制点?

（1）酒精度标准　大楂标准酒精度为≥ 67%vol、二楂标准酒精度为≥ 65%vol、酒头标准酒精度为≥ 70%vol。

（2）酒精度测量　按照GB/T 10345-2017白酒分析方法中6.2酒精计法测定新产酒精度。

（3）数量称重　称重时按照大楂、二楂分别称重得出净重，然后按照标准酒精度折算得出交酒最终数量。酒头每班次交酒4kg。

（4）分楂入缸（箱）

（5）分级并酒

二、贮存管理

216. 汾酒贮存工艺流程是什么？

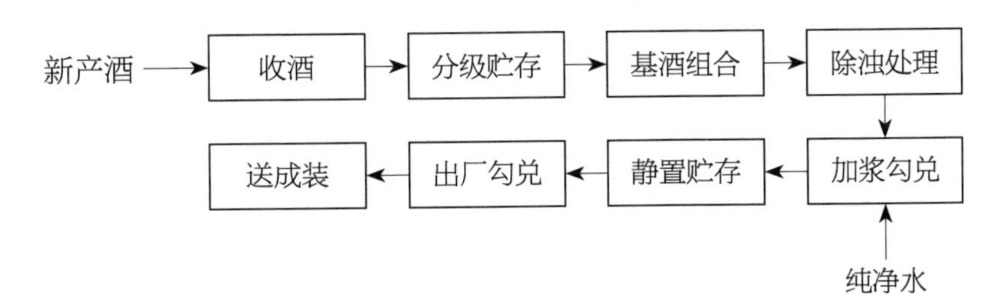

217. 汾酒采用的主要贮存容器有哪些？

汾酒在贮存过程中主要采用陶缸和不锈钢大罐进行贮存。过程中根据酒质要求采取陶缸或不锈钢大罐单独贮存、互转组合贮存等方式。

汾酒勾贮过程中禁止使用塑料容器。

218. 陶缸贮酒有哪些优点和缺点？

陶瓷容器贮酒有三个显著特点：一是陶坛微孔网状结构将外界的氧

气缓慢地导入酒中，促进基础酒的酯化和其他氧化还原反应，使酒质逐渐变好；二是陶土本身含多种金属氧化物，在贮存过程中逐渐溶于酒中，与酒中的香味成分发生络合反应，对酒的陈酿老熟有促进作用；三是陶坛的陶土稳定性高，不易氧化变质，而且耐酸、耐碱、耐腐蚀，因此被广泛使用。

陶坛容器的缺点：陶缸容量较小，一般为300~1000kg，吨酒贮存占地面积过大，在贮存成本上很不经济，只能适用于少量酒的存放，大批量贮存则操作甚为不便；由于自身存在微孔结构，造成基础酒在贮存过程中易发生挥发和渗漏，使贮酒损耗高；同时陶瓷容器容易破裂、怕碰撞，因此不宜运输及转运，所以陶坛贮存主要应用于高档基酒。

219. 不锈钢大罐有哪些优点和缺点？

优点：使用寿命长，安全可靠，几乎不存在腐蚀和污染；贮存量大，占地面积相对较小、经济耐用、酒损耗小；大容量勾兑均质，便于气搅拌；容积可大可小，制作技术成熟，放在室内和露天均可，使用方便。

缺点：不锈钢贮存后的优质白酒与传统陶缸贮存酒对比，口味不及陶缸醇厚。

选择陶坛与不锈钢容器相结合的方式，既可以取得较好的贮存效果，又克服了两者的缺点，易于在企业推广。

220. 白酒在贮存过程中涉及哪些老熟机理？

白酒在贮存过程中酒质发生较大的变化，这个过程一般称为老熟。老熟过程一般存在以下几个方面的机理。

（1）物理作用

①新酒杂味物质挥发。

②缔合作用：汾酒在贮存过程中主要产生氢键缔合。

（2）化学作用

①氧化反应。

②还原反应：醛酮醇羧酸等物质互相反应还原。

③酯化反应：有机酸和醇类物质发生缓慢酯化反应。

④水解反应：在酯化反应的同时也发生酯的水解反应。

⑤聚合反应。

⑥美拉德反应。

221. 新产汾酒为什么要经过贮存才能勾兑使用？

从酿酒车间刚产出的酒多呈燥辣、辛辣味，不醇厚柔和，通常称为“新酒味”，但经过一段时间的贮存后，酒的燥辣味明显减少，酒味柔和，香味增加，酒体变得协调，这个过程一般称为老熟，又称陈酿过程。

一般新酒需贮存 1~3 年。新酒在贮存过程中，低沸点的杂质如醛类、硫化物等挥发掉，除去了不好的气味；乙醛缩合，辛辣味减少，增加了白酒的芳香。随着白酒贮存时间的延长，酒精－水溶液分子排列发生改变，束缚酒精分子的能力会加强，缩小了酒精分子的活度，增加了水分子和酒精分子的缔合，减少了酒精分子对味觉神经的刺激，因而口感绵软。所以，生产出的白酒必须贮存，再经过精心勾调，才能变为美酒佳酿。

222. 大罐贮酒过程的质量控制节点有哪些？

（1）大罐的清洁 入酒前大罐必须洁净、无异味、无异物，过程中定期进行清洗清洁。

（2）液位的控制 入满酒后，液面距罐口距离要大于60cm（100m^3），不同的大罐距离罐口的尺寸不同。

（3）按比例出酒 严格按照《勾兑通知单》的比例送酒。

223. 陶缸贮存过程的质量控制节点有哪些？

（1）按质贮存 将质量等级相同的酒分区域贮存，既方便酒库管理，又便于勾兑送酒操作，也可防止由于误送影响酒的质量。

（2）陶缸清洁 贮存过程中微小杂质缓慢沉积于缸底部，入酒前需检查贮酒缸，确保缸内清洁干净，必要时进行清洗。

（3）缸卡标识 缸卡是缸内所贮酒的信息载体，缸卡内容是区别酒源归属的唯一标记，对后期的勾兑起着非常重要的作用，也是实现追溯不可缺少的重要环节之一，因此缸卡内容应准确、清晰、完整。

224. 白酒在贮存过程中物质有哪些变化？

（1）酒精含量 在贮存期间酒精含量略有下降，但变化不明显，一般是由于自然挥发造成的。

（2）酸类物质 白酒贮存过程中总酸呈上升趋势。酯类的水解作用是酸含量升高的主要原因。

（3）酯类物质 白酒贮存过程中酯类物质都在不同程度地减少，主要原因是低沸点酯被蒸发及酯的水解反应。

（4）醇类物质 不同香型白酒变化趋势不同。清香型白酒的醇类物质在贮存过程中一般是先升后降。

（5）醛类物质 总体含量变化不大，贮存过程中乙醛和乙醇会缩合生产乙缩醛，乙缩醛上升，乙醛下降，但是醇类物质的氧化作用也会生成相应的醛类。

225. 贮酒库常用的计量单位有哪些?

（1)质量 质量的单位是kg,我们日常生活中将重量用来代替质量，即重量是质量的同义词。

（2）密度 密度的单位是g/cm^3，密度 ρ = 质量 ÷ 体积。

（3）容积 容积的单位是m^3，对于白酒一般习惯上用升（L）、毫升（mL）来表示。

226. 勾贮生产过程中常用的计量器具有哪些?

（1）容量量具 主要包括量筒、量杯、容量瓶、微量进样器等。

（2）质量量具 主要包括电子秤、台秤、电子衡等。

（3）温度计、酒精计、压力表、浊度仪、电导率仪等。

227. 测定酒精度的操作方法如何进行?

将酒精计和温度计擦拭干净，将所待测酒样倒入洁净、干燥的量筒中，静置数分钟。待样液中的气泡逸出后，轻轻放入已校正过的精密酒精计，再轻轻按一下，同时插入温度计。静置待酒精度和温度恒定后，水平观测与弯月面相切处的酒精计刻度示值，读取温度计示值，记下酒精度和温度，查折算表，得出标准酒精度。

228. 测定酒精度过程中如何进行简易折算？

在生产操作现场测定酒精度折算过程中，操作人员将一些常用的换算系数熟记于心，根据测定的酒精度和温度，直接口算得出标准酒精度。这种方法存在微小的偏差，但是简洁快捷，操作方便。折算时，以标准温度20℃为基数，高减低加，换算系数见表3-1。

表3-1 常用20℃时酒精度与温度换算系数

酒精度	换算系数	酒精度	换算系数	酒精度	换算系数	酒精度	换算系数
37~42	0.4	43	0.395	44~45	0.39	46~47	0.385
48~49	0.38	50~52	0.375	53~56	0.365	57~60	0.355
61~63	0.345	64	0.34	65~68	0.335	69~72	0.325

注：酒精度单位%vol

例如：测定酒精度为51.5%vol，温度计为23℃，换算标准酒精度为：

51.5-（23-20）×0.375=50.375%vol ≈ 50.4%vol

229. 汾酒输送常用的设施设备有哪些？

（1）酒泵 按照工作原理不同，分为离心泵、往复泵、旋转泵、漩涡泵等几种，以离心泵在生产上使用最为广泛。

（2）输酒管道 汾酒在输送过程中全部采用食品级不锈钢管道。不同等级、品种的酒应分别使用不同的管道并酒，专管专用。若因条件所限，两种不同等级酒共用同一管道时，应进行顶管操作，然后正式输酒。

（3）阀门 生产中常用的有截止阀、蝶阀、球阀。

（4）各种容器 包括贮存罐、勾兑罐、基酒罐、兑酒罐等。

230. 贮酒库的一般要求是什么？

贮酒库的建造位置一般应与酿造车间和成装车间的建造位置统一规划配置，便于输送生产流转的快捷。贮酒罐区与厂外道路的防火间距不应小于 20m，与厂内主要道路路边的防火间距不应小于 15m，与厂内次要道路路边的防火间距不应小于 10m。

酒库的容量以能满足本厂的生产需要即可，地下酒库应搞好防水与通风。酒库的门墙、电器设备等，采用防爆型装置。酒库的四周不应建有带火源的车间，并适当安排消防通道。酒库区需配置消静电设施。

231. 贮酒库有哪些贮存条件要求？

由于饮料酒的种类、品质、风格、老熟期等各不相同，所以对贮存条件的要求也有所不同，一般需对以下方面做出要求。

（1）贮存容器可根据酒质要求，结合酒库具体安排等情况，选择贮存容器的种类。汾酒贮酒库选用陶缸贮存中高档基酒、不锈钢罐贮存低档基酒。

（2）贮存温度最好在 15~25℃，汾酒采用自然温度贮存环境，露天罐区在夏季通过喷淋系统进行降温处理。

（3）贮存时间一般主要是根据酒质需要而确定。清香型白酒贮存 1 年以上，已经达到了质量要求。贮存期过长，会由于占库存、自然损耗，造成成本上升。特殊用途的陈年老酒除外。

（4）贮存库通风换入新鲜空气，促进分子间接触和老熟，排出乙醇分子，保证贮酒库的安全。

232. 酒库安全生产管理要求是什么？

酒库是酒厂的财产主要集中地之一，确保酒库的安全有十分重要的意义，制订切实可行的安全管理制度，确保酒库的安全是非常必要的。

（1）酒库中设有防火栓、灭火器等灭火设施，定期检查设施状况。

（2）工作人员要接受严格的防火教育，养成良好的安全防火习惯，杜绝由于操作不当等造成的失火现象。

（3）任何人员一律不准携带易燃、易爆的物品进入酒库。严禁在库内和库区附近吸烟或使用明火。

（4）库内应采用防爆型的电器设备，不能随便使用临时灯或乱拉临时电线。

（5）库内要经常通风，降低空间的酒精浓度。酒库周围 10m 以内不准存放易燃、易爆、易污染环境的物品，以确保酒库的安全和卫生。

（6）酒库重地一般应谢绝外人参观，严禁闲杂人员出入酒库。如因工作需要，须办理相关手续后，由专人陪同入库参观。杜绝员工及他人在库内饮酒、乱窜。

（7）酒库重地禁止使用临时工。新库工上岗前，必须先经过防火安全操作等方面的培训。

（8）送酒与并酒前要详细检查使用的电器、酒泵、管道阀门等是否异常，发现异常应及时报告有关领导，并采取适当的措施。

（9）值班人员要严守岗位，经常巡查、点检。不得擅自离库，下班时应认真检查库内的水门、管路、电门、窗户等是否关好，最后应锁好库门。

（10）酒库内严禁堵塞消防通道，损坏、拆除消防标志，并确保对消防设施的维护保养。

233. 酒库在食品卫生工艺方面有哪些要求？

（1）酒库管理人员必须穿戴工作服出入酒库，定期进行健康体检。

（2）贮酒容器清洗干净、排列整齐，无渗漏，无异味，无杂物，方可入酒使用。

（3）酒库入酒后，要求管理人员认真检查，核对相关信息，填写缸卡内容。管库人员对库存种类、数量、品质、酒龄等有关情况准确掌握。

（4）随时检查缸卡、密封、渗漏等情况，发现异常及时处理。

（5）随时清理贮存卫生，根据情况开关通风设备或通风窗口，保持库内空气清新。地面清洁干净，库内无积水无其他邪杂味。

（6）酒库内应配置防鼠、防蝇、防虫等设施。

234. 汾酒贮存期间酒质的变化规律是什么？

汾酒在贮存初期新酒味突出，具有明显的糙辣不愉快感，贮存 5~6 个月后，风味逐渐转变向好。贮存 1 年左右，基本形成汾酒清香纯正、绵甜爽净、味长余香的感官特征，风味变化见表 3-2。

表 3-2 汾酒贮存风味变化

贮存期 / 月	感官变化
0	清香、糙香味突出、辛辣、后味短
1	清香带糙香味、微冲鼻、辛辣、后味短
2	清香带糙香味、入口微甜、辛辣、后味短
3	清香微带糙香味、入口微甜、后味糙辣
4	清香微带糙香味、味较绵甜、后味略涩
5	清香、绵甜较爽净、后口微涩
6	清香、绵甜较爽净、微涩，微余香
7	清香较纯正、绵甜爽净、微涩，微余香
8	清香较纯正、绵甜爽净、微涩，有余香
9	清香纯正、绵甜爽净、后味长、有余香

续表

贮存期/月	感官变化
10	清香纯正、绵甜爽净、醇厚有余香
11	清香纯正、绵甜爽净、味长余香

235. 勾贮过程如何进行标识管理?

勾贮过程中对原酒、半成品酒、成装待装酒等酒源都需要准确标识,便于过程管理和控制。目前主要采取的标识方法如下:

(1)陶缸贮酒用贮酒缸卡进行标识,要求缸卡标识内容有品种、级别、总酸、总酯、乙酸乙酯、生产日期、入库日期等信息。

(2)大罐贮酒用罐卡或信息板的形式进行标识,标识内容与缸卡相似,增加罐区号。

(3)勾兑罐标识主要分为合格、待检、不合格,主要体现当前罐内酒的状态。

(4)其他生产辅料的标识,按照物料情况标识品名、生产日期、批号等信息。

三、除浊加浆

236. 白酒中常见的沉淀现象有哪些？

白酒应是无色透明、无悬浮物、无浑浊、无沉淀，但因生产过程中人为因素或非人为因素会给白酒带来悬浮物、沉淀或浑浊，主要有以下几种沉淀现象。

白色针状沉淀、白色絮状沉淀、白色块状、灰状沉淀、黑色或灰色块状沉淀、油状漂浮物、其他沉淀等。

237. 白酒中常见沉淀现象产生的原因有哪些？

（1）高级脂肪酸乙酯的影响 据检测，白色浑浊物主要是棕榈酸乙酯、油酸乙酯和亚油酸乙酯。这些酯均溶于乙醇而不溶于水，因而白酒降度后溶解度减少易析出。这3种乙酯在白酒中的溶解度还与温度有关，温度越高越易溶，越低越易析出，所以在冬季白酒易呈白色浑浊。

（2）杂醇油的影响 杂醇油的成分因生成途径和方式的差异，其品种和数量也是不同的，并且在不同的酒精度下杂醇油的溶解度也不同，在低酒精度的白酒中易呈乳白色浑浊。

（3）水质的影响 勾兑用水是引起白酒固形物超标的一个重要因素。若水中含钙、镁、盐过多，则会给低度白酒带来产生新的浑浊及沉淀的可能性。

（4）油脂成分及金属离子的影响 白酒中的油脂成分与金属通过静电作用凝集成胶状物，生成白色或蓝黑色沉淀物。

238. 白酒除浊的主要技术手段有哪些？

（1）冷冻除浊处理 采用低温下杂质溶解度降低而析出、凝集沉淀的原理，用过滤的方法过滤除去沉淀物。此方法对白酒中的呈香物质虽有不同程度的去除，但一般原有风格保持较好。缺点是冷冻设备投资大，生产时能耗高。

（2）活性炭吸附法 一般使用的大多为粉末活性炭。活性炭的吸附作用主要为化学特性吸附。活性炭吸附存在双向性，既能去除新酒糙杂味，也会减弱陈酒感。同时吸附一定量的诸如乙酸乙酯之类的香味成分，但它更容易吸附分子质量相对大的高级脂肪酸酯。因此，可以用它来除去引起低度白酒浑浊的 3 种高级脂肪酸乙酯，达到澄清酒质、催陈老熟的目的。

239. 勾贮生产过程中使用的过滤设备主要有哪些？

有棉饼过滤机、板框式硅藻土过滤机、垂直叶片式硅藻土过滤机、水平式硅藻土过滤机、烛式硅藻土过滤机、圆盘硅藻土过滤机、相对级微孔膜过滤机、绝对级微孔膜过滤机以及袋式过滤器、微孔陶瓷过滤器、纤维介质过滤器等。在白酒的实际生产过程中，为了达到较好的过滤效果和满意的产品质量，往往是将各种过滤方式和设备配合起来使用，以达预期的目的。

240. 除浊处理过程的关键质量控制点有哪些？

（1）活性炭添加量 待处理基酒量 × 品评确定比例 = 活性炭添加量，要求准确计量。

（2）处理时间和搅拌次数 一罐次基酒完成除浊处理生产流程的时间一般为 24h，特殊酒样按照品评结果确定除浊处理时间。按照工艺要求加炭后循环 4 次，每次循环间隔 3h，循环结束后静置待处理。

（3）过滤 除浊过滤采取烛式硅藻土过滤机、圆盘硅藻土过滤机、树脂处理器、袋式捕捉器等过滤设备串联组合使用的生产模式。要求过滤后酒体清亮透明、无杂质。过滤操作中硅藻土的预涂质量是关键环节，决定了过滤质量。

241. 纯净水生产主要有什么方法？

主要有：离子交换法、电渗析法、反渗透法等方法。

目前公司勾贮制备的纯净水采用的是反渗透法。反渗透是渗透的一种反向迁移运动，是一种在压力驱动下，借助于半透膜的选择截留作用将溶液中的溶质与溶剂分开的分离方法。反渗透法广泛应用于各种液体的提纯与浓缩，其中最普遍的应用实例便是在水处理工艺中，用反渗透技术将原水中的无机离子、细菌、病毒、有机物及胶体等杂质去除，以获得高质量的纯净水。

反渗透水处理系统主要分为：预处理部分、反渗透主机、后处理部分、清洗部分四部分。

242. 勾兑加浆纯净水主要控制参数有哪些？

（1）pH 在 5.0~7.0。

（2）硬度≤ 0.3°dH。

（3）电导率 10 μS/cm （25±1）℃。

（4）精密过滤器的进出口压力差≤ 0.1MPa。

（5）一级浓水和二级浓水的流量控制等。

四、勾兑品评

243. 勾兑的作用及意义是什么?

生香靠发酵，提香靠蒸馏，成型靠勾兑。白酒的勾兑，对于稳定和提高酒的内在质量起着极其重要的作用。通过勾兑可以使某一较为冲辣的酒变得醇厚爽口，某一单一口味突出或味短的酒变得协调；能把一个较苦的酒变得苦味减轻而微带甜的感觉。总之，通过勾兑可使酒的质量大大提高。因此不少人认为：要提高白酒的内在质量必须“七分酿造，三分勾兑”。

244. 勾兑的原理是什么?

勾兑主要是将酒中各种微量成分以不同的比例兑加在一起，使分子间重新排列和结合，通过相互补充、平衡，烘托出主体香气和形成独自的风格特点。也就是将同一类型、不同特征的酒，按统一的特定标准进行综合平衡的工艺技术。简单地说，勾兑就是组合，即将所需物料按照不同的比例放入同一个容器中达到一定目的的过程。

245. 微量成分与酒质有什么关系？

白酒的主要成分是乙醇和水，约占总量的 98% 以上，其他微量成分占 1% 左右。由于白酒采用多菌种自然开放式发酵的独特生产工艺，决定了其微量成分十分复杂。在白酒 1% 左右的微量成分中，绝大部分是有机化合物，它们的种类、数量及相互之间的量比关系决定了白酒的产品风格、质量。因此，了解白酒中的微量成分，对酒体设计过程中的勾兑工作有着重要的积极作用。

246. 白酒微量成分的分类及作用是什么？

白酒的微量成分仅仅占 1% 左右，这些微量成分一般又分为三个部分：色谱骨架成分、协调成分、复杂成分。

（1）色谱骨架成分是色谱分析含量大于 2~3mg/100mL 的物质，它是构成白酒的基本骨架和构成白酒香味及风格的主要要素。

（2）协调成分主要是对白酒香味口感起平衡、综合作用。勾兑就是要解决骨架成分和协调成分在白酒中的比例关系。

（3）复杂成分在白酒微量成分中含量很少，只占到色谱骨架成分和协调成分总和的 1%~5%。复杂成分含量虽然很少，但是对产品的典型性、稳定性、一致性、连续性等方面，起了很主要的作用。

白酒中的微量成分具有两种作用：一是对香气的作用；二是对味的贡献。因此，在勾兑操作过程中，必须解决好香的协调、味的协调、香和味的协调，才能更好地保证产品的典型风格。

247. 白酒中主要的有害成分有哪些?

白酒在生产过程中，由于诸多因素会形成一些对人体健康有害的物质，如其含量超标，就需要采取有效措施加以控制。白酒中主要有害成分如下：

（1）甲醇 溶于酒精和水，是一种麻醉性较强的无色液体，对人体视神经的危害较大，应严格控制白酒中的甲醇含量。

（2）氰化物 有剧毒，卫生标准中规定了白酒中氰化物的限量。

（3）铅 是一种毒性很强的金属元素，可引起铅中毒。

（4）锰 过量摄入可引起锰中毒，造成中枢神经系统紊乱。

（5）杂醇油 酒中含量过高，对人体有毒害作用，而且给酒带来邪杂味。

248. 勾兑遵循的基本原则是什么?

（1）质量稳定原则 白酒企业不同质量等级的产品在包装出厂前都会通过勾兑环节来实现产品的质量均质和质量稳定。勾兑人员就需要在坚持质量稳定原则的前提下，掌握好质量波动的幅度，避免产品质量的起伏超出标准控制范围。

（2）批量生产原则 勾兑设计过程中，特别要注意为接下来的批量化操作提供技术支持、质量支持、生产支持。勾兑设计组合要在保证质量的基础上，充分考虑大样勾调生产的可行性、便捷性、科学性，实现勾调批量化和资源利用最大化。

（3）食品安全原则 勾兑工作过程中，必须坚守食品安全的质量底线。

249. 什么是小样勾兑？

简单地说，就是根据产品口感和理化标准，对库存基酒进行二次均质的过程。根本上是为了保证产品批次的稳定推进。小样勾兑的酒源对象主要是入库（罐）贮存的降度酒。小样设计组合的基础是必须符合质量标准的前提下，充分考虑大样勾调生产的快捷、便利。

250. 勾兑小样的操作流程是什么？

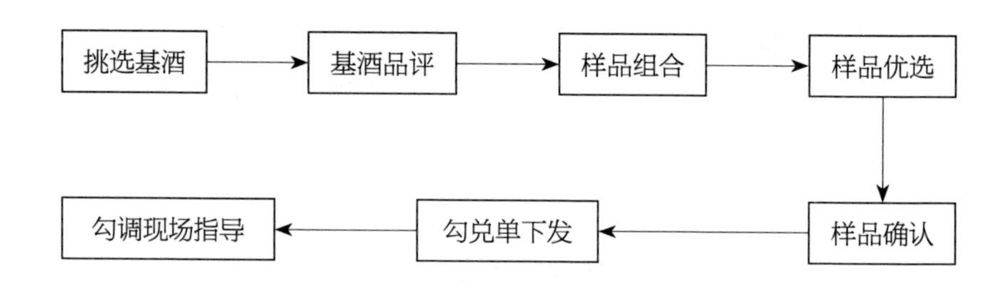

251. 小样勾兑过程中样品组合的注意事项有哪些？

样品的组合需要参阅质量标准线去展开。样品组合也就是根据基酒品评结果，结合理化指标进行组合的过程。在样品组合过程中，需要注意：

（1）以质量标样为中线，组合多个样品，便于筛选。

（2）大批量勾兑选用基酒需考虑大样勾调生产的便捷。

（3）在勾兑员眼里没有差的资源，只有坏的配制。勾兑员在组合过程中使用基酒还需有一种“中庸”思维，优劣搭配，避免出现优质资源的过度使用，造成质量过剩。也要避免出现劣质资源的闲置不用或少用，造成将来的质量匮乏，要始终保持质量的平稳推进，实现各种资源的效益化。

（4）在样品组合中，还需要注意理化的搭配。在勾兑设计中，如果有总酸临近上限、总酯及乙酸乙酯接近下线的基酒，要尽快想办法提早勾兑使用，避免继续贮存出现酸升酯降，为今后的勾兑使用造成影响。特别是乙酸乙酯偏低，因为乙酸乙酯的控制范围狭小，也是国标及企标规定的硬性指标。

（5）在样品组合中，勾兑员需考虑酒的货架期转化因素。要根据经验预判酒体在未来一段时间酒质会朝着哪个方向发展，因为消费者不会以你勾兑时的酒质去评价质量，而是以他消费时的感觉为感受。

（6）勾兑员评判样品，可以参考 8/2 法则，有 80% 赞同认可，就应该是一次成功的勾兑。剩余 20% 的建议要客观地分析，寻找合理的解决途径。

252. 什么是白酒品评？

白酒品评又称为尝评或鉴评，是利用人的感觉器官（视觉、嗅觉和味觉）按照各类酒的质量标准来鉴别白酒质量优劣的一门检测技术。到目前为止，还没有被任何分析仪器所替代，是国内外用以鉴别食品内在质量的重要手段。

253. 白酒品评有哪些特点？

（1）快速　白酒的品评不需要经过样品处理，而是直接观色、闻香和尝味。根据色、香、味的情况，确定白酒的风格。这个过程短则几分钟，长则十几分钟即可完成。只要具有灵敏度较高的感觉器官和掌握了品评技巧的人就能很快判断出某一种白酒质量的好坏。

（2）准确　人的嗅觉和味觉的灵敏度较高，在空气中存在三千万分之一的麝香，或是 6.6×10^{-8}mg/L 的乙硫醇都能被嗅出来。而精密仪器的分析通常需要经过样品处理，如果不加以浓缩富集或制备成衍生物，直接进样用仪器测定结果是相当困难的。因此，有的时候，人的嗅觉比气相色谱仪的灵敏度还高。

（3）方便 只需酒杯、品酒桌和品酒室即可对产品进行定级。

（4）适用 品评适用于新酒的分级，出厂产品酒的把关，新产品的研发等多方面。

254. 品评有什么主要作用？

（1）品评是确定质量等级和评选优质产品的重要依据。

（2）通过品评，了解酒质存在的问题，指导生产和新产品的开发。

（3）检验勾兑和调味的效果。

（4）把好产品出厂关。

（5）利用品评鉴别假冒伪劣商品。

255. 品酒人员应该具备哪些基本功？

（1）检出力 检出力是指对香及味有很灵敏的检出能力，有的非评酒员也具有很好的检出力。所以说，检出力是天赋的表现。

（2）识别力 比检出力提高了一个台阶，要求对酒检出之后，要有识别能力。具有识别能力，是评酒员的初级阶段。

（3）记忆力 记忆力是评酒员基本功的重要一环，是必备条件。要想提高记忆力，需勤学苦练。在品尝过程中，要专记其特点，并详细记录。

（4）表现力 即对酒质优劣找出来并提出改进意见，这是评酒员达到了成熟阶段，凭借着识别力、记忆力从中找出问题的所在，有所发挥与改进，并能将品尝结果拉开档次和数字化。为生产工艺、贮存勾兑提出改进意见。

256. 白酒品评有哪些主要步骤？

（1）观色 举杯齐眉对光，最好以白纸作底，从杯子的正面和侧面观察酒的色调、透明度，有无悬浮物或沉淀物。

（2）闻香 将酒杯端在手中，在离鼻子一定的距离进行初闻。再用手扇风闻，然后将酒杯接近鼻孔进一步细闻。在闻香时一定注意先呼气再对酒缓缓吸气，不能对酒呼气。如果酒样较多，可先按 1~5 的顺序，再按 5~1 的顺序反复闻几次。先选出最好和最次的，再反复比较不相上下的，不断修正记录。

（3）尝味 先从闻香淡的酒样尝起，由淡到浓，再由浓到淡，反复几次。注意将暴香或异香的酒放在最后评，以免干扰。还应该注意掌握每种酒的饮量，一般开始先含 1~3mL，鼓舌使其布满舌面，停留 5~10s，将酒吞咽下，然后使酒气随呼吸从鼻孔排出，检查酒气是否刺鼻和香气的浓淡，并用舌头进一步品尝滋味是否协调，边尝边做记录。最好在每轮次酒品尝结束后，到休息室休息片刻，再回来进行复检一次，但是重点还是要放到第一次的感觉上。

（4）格的衡量 根据上述的色、香、味三个方面，做出综合判断，评定式样的风格，即为该酒样风味特征的典型性。所以，酒品的风格是既抽象又具体的总的特征的体现。

257. 评酒有哪些主要方法?

（1）一杯品尝法 先品一杯酒样，取走后再拿一杯酒样进行品尝。要求对这两个酒样做出是否相同的回答，用于训练和考核评酒人员的记忆力和敏感性。

（2）两杯品尝法 一次拿出两杯酒，其中一杯是标准酒，另一杯为待评酒。要求品评两杯有无差异及差异程度等。有时两杯是一种酒，并无差异。

（3）三杯品评法 每次拿出三杯酒样，其中两杯是相同的。要求品评出哪两杯相同，以及与第三杯的差异，以提高评酒员的鉴别能力和对再现性的适应能力。

（4）顺位品评法 将多种酒样分别倒入杯中并做标记，再按酒质优劣、酒精度高低顺序排队，分出名次。在勾兑、调味时，常使用此法做比较。

（5）尝评计分法 按照酒样的色、香、味、格分别计分，写出评语。为使计分标准统一，评酒人员可先进行实样试评，对照研究，讨论出计分标准后再进行正式评酒。

258. 勾兑品评的意义和作用是什么?

品评是勾兑的基础，也是勾兑必备的技能。品评通过一看、二闻、三尝，而后综合判定基酒风格。品评技能需要长期的实践积累和千锤百炼，才能准确地掌握及鉴别酒体质量，只有熟练掌握和运用品评技术，实现品评和勾兑的互助融合，才能为勾兑设计助力。

勾兑的品评主要是找准酒体的独特亮点或酒体的缺陷点。勾兑品评要展望感官的转化和演变方向。勾兑基酒的品评除了为小样组合准确定位，还有一个重要的作用，就是通过基酒的品评，结合基酒的贮存周期、贮存容器、贮存季节、入库前基酒的酒体构成等因素，总结酒体的口感、理化的转化演变规律，为勾兑的核心环节——酒源规划、均质预勾兑、催陈老熟、库容配置等关键性的前期流程，提炼好的经验及建议。

259. 勾兑样品如何进行优选及确认？

（1）样品优选　勾兑组合好的样品首先在内部优选：一是通过品评筛选两到三个与标样相符或接近的酒样作为样品确认备用；二是通过品评检测，验证样品组合时的酒体设计思路是否与组合后的酒样相吻合，如果有大的偏差，要分析原因，为以后的勾兑工作积累经验。

（2）样品确认　样品的确认工作需要根据企业的机构设置情况而定。公司勾兑样品的确认工作由质量检测中心来负责，具体流程如下：

①按照优选样品的设计比例，开具勾兑原始记录，填写申验报告单送检。

②勾兑记录、申验单不得涂改，编码信息清晰。

③样品的确认一般分为三个方面的内容：

a. 感官品评：挑选质量符合的或在质量控制线范围内最接近的样品为合格样品。

b. 常规化验检验：感官品评选定的合格样品，进行常规化验检测。

c. 色谱分析检验：感官品评选定的合格样品，进行色谱分析检验。检测的主要指标为食品卫生控制指标。

260. 勾调大样操作的注意事项有哪些？

大样的勾调与小样的勾兑是一脉相承的。小样的勾兑是为了合理使用酒源、维持质量稳定。大样的勾调就是实现及实践小样的操作过程。大样勾调操作的注意事项如下：

（1）所有的大样的勾调输送工作，必须以勾兑通知单或生产调度通知单为操作依据。

（2）按照通知单要求，进行机械设备、输送管路、勾调信息等方面的准备工作。

（3）输送操作流程严格按照大样勾调操作流程和标准执行。

（4）输送到勾兑罐后，循环均质，按照申检流程进行检测分析确认。

（5）勾兑罐必须接收到检验合格报告，才可进入输送成装环节。

261. 勾调大样出现不合格现象如何处理？

勾调大样后，按照流程还需要质检品评化验程序，偶然会出现不合格现象，一般不合格项主要有：（1）口感品评不符；（2）理化分析不符。

出现勾调大罐不合格现象，就需要组织微调。针对不合格项，制定相对应的解决方法。一般微调比例控制在20%以内，便于勾调生产，而且微调工作需要在最短的时间内解决问题，避免影响生产的进程。在大样的勾调生产中偶尔也会出现微调后仍然不合格的现象，这就需要尽快组织送酒人员退酒重新勾调。勾兑人员面对这种情况，需分析不合格的原因，避免今后出现类似问题。退库后，勾兑人员要掌握退库情况，做好记录，并计划退库酒的处理办法或再次勾调使用。

262. 勾兑过程中主要使用哪些调味酒来形成产品特色？

勾兑过程中使用调味酒以赋予基础酒特殊风味，固化产品特色。目前使用的调味酒主要有：老酒调味酒、酒头调味酒、酒尾调味酒、特优调味酒、高酯调味酒、曲香调味酒、其他香型调味酒等。

263. 什么是勾兑调味？

勾兑调味就是对酒体质量品质风格的平衡。每种酒都有它独特品质和风格，而品质与风格的形成，取决于酒体中微量成分的不同。通过调味过程，各种微量成分相互缓冲、协调、烘托达到平衡，从而形成产品的独特风格特色。

264. 勾兑调味的作用有哪些？

（1）添加作用　当基础酒组合完成后，添加与标准酒所需的经特殊酿造、具有微量芳香物质的调味酒，一种或几种特殊风味的酒能够使基础酒的质量发生质的改变，从而完善酒体风格，提高产品质量，满足产品标准要求，一般有两种方式添加。

①基础酒中缺少某种微量成分，而在特殊酿造的调味酒中含量十分丰富，经过添加过程，这些物质在基础酒中得以稀释，其阈值降低，放香得以发挥，呈现出固有的香味风格，使基础酒的酒体风格协调完美。

②基础酒中含有某种微量成分，但是含量不足，达不到所需的放香阈值，香味就不能呈现出来。而调味酒中富含该成分，添加后达到了放香阈值，基础酒就可呈现出香味来，从而突出酒体风格。

（2）化学反应　调味酒添加后，酒体中微量成分产生一些分解或缔合反应，造成了微量成分之间的再次反应与生成，形成改变酒体质量的有益物质，促进酒体质量。

（3）平衡作用　白酒中的香味物质，主要由占 1% 左右的微量成分所构成。这些微量成分，包括有机酸、酯、醇、醛、酮和芳香族化合物等，它们各以其气味强度和界限值（也称放香阈值）来表示。而每一个典型风格的产品，恰恰都是由这些不同香味界限值和不同浓度的芳香物质相混合而形成的。其中有呈香、呈味的主体香味成分，有缓冲、烘托的助香、助味成分，它们通过协调平衡过程，形成了酒体的典型风格，所以说在勾兑调味过程中，是通过改变微量成分的比例结构和组合方式，达到微量成分的协调，促使酒体向着产品标准的方向发展。

265. 勾兑人员应满足哪些基本要求？

想要成为一名合格的勾兑员，需要具备以下基本要求。

（1）感官要求　主要是指勾兑员的视觉、味觉、嗅觉三个方面的基本要求。勾兑员必须通过这三个感官系统的综合运用，准确地鉴别酒体的色泽、香气、风味、风格等，来衡量标定酒体质量等级类别，为勾兑设计打好基础。

（2）观念认识　勾兑工作最大的特性就是一直面对动态的要素。经过勾兑的调整手段，以达到预先要求的质量标准及典型风格。因此，勾兑人员必须具有流动性的思维观念。能够对新事物灵敏反应，能够将思维跳出来，很超然地看问题，适应变迁的能力要强化，能及时抓住机遇。加强沟通，敢于梦想，养成独立思考的习惯。通过思维定势的变革，提出一些超出预期的看法及建议。

（3）创新意识　勾兑工作的特性决定了勾兑员在工作过程中必须时刻通过智慧的碰撞生成新的创意，以提升产品质量、促进流程优化。但是在创新中要牢记不能背离品牌精髓，勾兑的创新载体主要是产品，因此勾兑技术创新最重要的是要有市场效果。另外，鼓励失败性的创新。虽然可能会承受压力，遭遇挫折，但是只有通过实践的尝试，保持对知识的好奇心，才能总结经验，提炼升华。

266. 勾兑对原度汾酒的分级流程如何实施？

原酒的分级工艺流程应该分为两个阶段：第一阶段是根据原酒的本色质量进行的质量等级的划分，也就是新产入库酒的质量等级品评鉴定。新产原酒的质量分级是基础性工作，这一环节至关重要。第二阶段是原酒入库贮存后的二次分级，在遵循第一阶段分级标准的前提下，更多的是结合产品勾兑需求来展开。二次分级不仅仅是为了掌握原酒质量，更主要的是对原酒等级的细化和贮备数量、贮备结构的划分调整。一般情况下，汾酒二次分级时将库存原酒划分为高档、中档、低档三个类别。

267. 勾兑对库存二次分级原酒的使用主要考虑哪些因素？

（1）陈年老酒的贮存结构和续接老酒的补充数量。

（2）特色调味酒的筛选及单独贮存。

（3）高档基酒的长期贮备。

（4）中档基酒的规模化贮存。

（5）低档基酒的年度配置。

五、配制生产

268. 什么是配制酒？

配制酒也称为露酒，指以蒸馏酒、发酵酒或食用酒精为酒基，加入食用或药食两用的辅料或食品添加剂，进行调配、混合或再加工制成的、已改变其原酒基风格的饮料酒。

269. 露酒中常用的糖有哪些？

糖是配制酒制作的重要原料，常用的糖主要有：

（1）低聚果糖　易溶于水，可改善肠道环境，防治便秘，提高机体免疫力，还可降低胆固醇、增加机体对矿物元素的吸收率。

（2）绵白糖　含水量高、口感甜度较高，对温度、湿度要求较高。

（3）冰糖　加工方法不同可分为：单晶冰糖、多晶冰糖。有补中益气、和胃润肺的功效。

（4）常用的还有木糖醇、果葡糖浆、蜂蜜等。

270. 竹叶青酒的生产工艺图是怎样的？

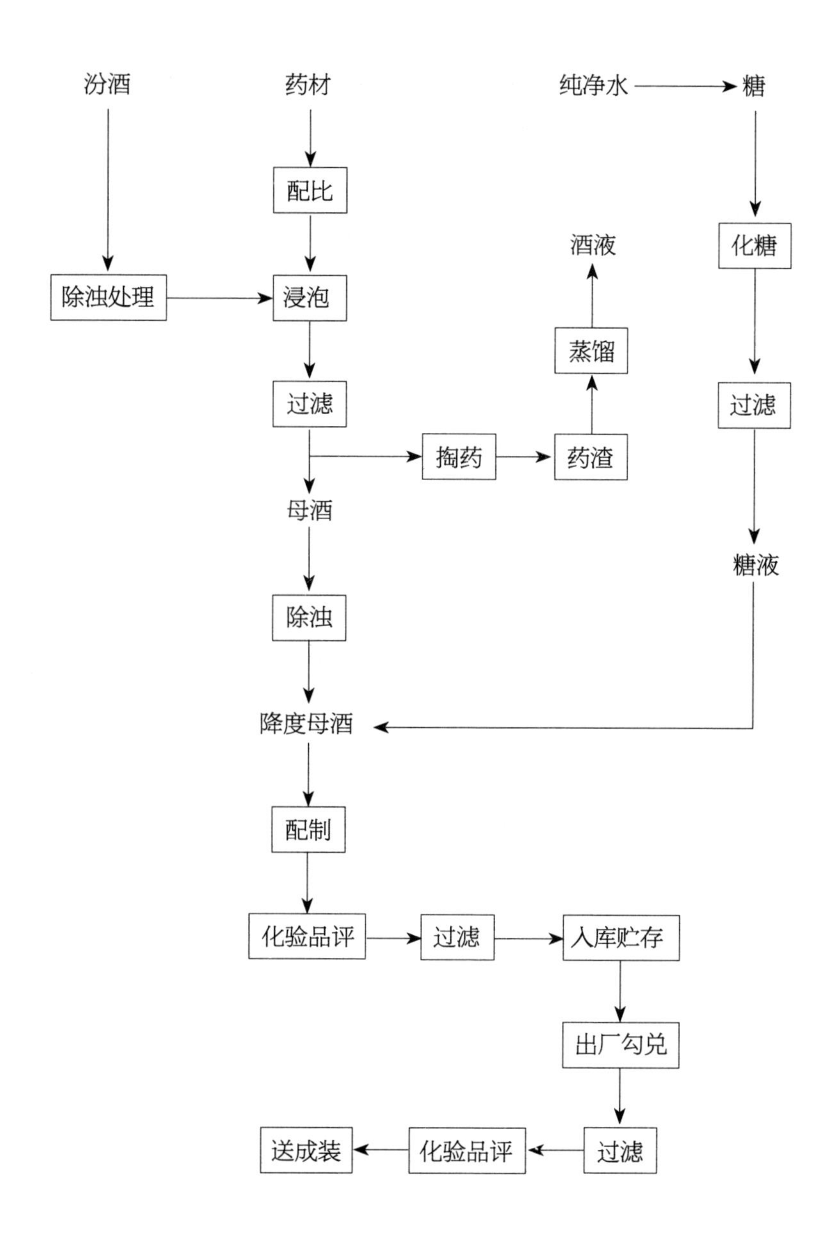

271. 低聚果糖质量要求是什么?

无色或淡黄色，透明粘稠液体，具有本品特有香气，甜味柔和清爽，无异味、无正常视力可见杂物。pH4.5~7.0。

六、酒体设计

272. 酒体设计的学术概念是什么?

酒体设计是在对白酒风味特征形成规律及机理研究的基础上，根据市场及消费者的需求设计和生产出具有不同风味特征的白酒产品的应用科学。酒体设计是在已有的管理学、行为学、统计学等理论基础上，吸收和总结了先进的酿酒技术和经验发展起来的一门新兴学科。它涉及微生物学、生物化学、有机化学、分析化学、风味化学、物理化学、电子学、市场营销学等众多领域，是我国白酒行业技术创新的理论性总结。对于提升全行业总体科学技术水平具有重要意义，是白酒工业工艺技术继承、创新、发展的里程碑。

273. 酒体设计的实践性理解是什么?

酒体设计应该由两个层面组成。广义的酒体设计：酒体设计机构以市场需求及演变趋势为本，结合公司产品发展战略、产品构建框架、原酒生产能力，对酒资源实施科学的规划配置。充分运用勾兑、调味、品评、化验色谱分析技术，实现产品质量的持续稳定，不断提升。并且通过实践积累，依靠准确的数据、严谨的论证、科学的分析，对原料、曲药、酿造、工艺、流程、参数、设备、贮存管理、催陈老熟、勾兑调味、品评鉴定、包装设计、理化检测、市场营销、标准修订、品牌建设等众多环节提出客观而有建设性的改进意见，为促进生产工艺的进步、产品质量的稳定、消费市场的拓宽夯实基础。

狭义的酒体设计：酒体设计技术人员根据产品风格个性，合理搭配酒源，充分发挥勾兑调味技术，确保产品符合质量标准，实现产品质量的稳定。

274. 广义的酒体设计和狭义的酒体设计有何区别？

广义的酒体设计主要是在思路、意识、战略、决策、管理、方案、制度、措施、技术、贯彻等层面的建设。

狭义的酒体设计主要体现在技术层面的运用上，更多是考虑本岗位的质量效率，缺乏全局观念。

狭义的酒体设计要以广义的酒体设计为根。

275. 酒体设计的关键要素有哪些？

（1）战略地位 酒体设计在公司定位的准确性决定了品牌形象、产品质量、资源效益、市场份额、技术能力等。

（2）运行方案 科学的酒体设计工作流程连接着公司生产系统的每个环节，运行方案的制定是酒体设计工作能否顺利开展的关键。

（3）酒源规划 酒体设计工作的核心管理对象就是酒资源。酒资源科学规划，实现资源利益最大化。

（4）人力资源的配置 公司各个岗位上技术核心及技术能手，形成有效的沟通交流，实现人力资源的优化及资源共享。

（5）勾兑技术理念 勾兑思路、观念等方面要有创新的力度和深度。

（6）酒源贮存管理 原酒入库后，在管理过程中培养新的管理理念。如，酒质分级贮存、酒库数据化运行、酒库贮存结构分析、酒库安全卫生管理等。

（7）曲种的优化组合及探索 曲是酒的骨头。要加快曲粮的多方式、多层面的探索和实验，满足公司产品多元化的需要。

（8）酿造工艺的净化及拓展 酒体质量的源头在酿造环节，把酿酒的千年技艺精华一丝不苟地加以传承，做到一清到底。在此基础上，研究其他香型的酿造运用。

（9）市场销售组合细分 市场的需求是我们生产的标线，市场的需求及发展趋势指导生产的开展。因此，市场销售部门需加强与公司内部的交流沟通、信息传递，为公司的生产、研发、贮配、包装等环节提供有效的支持。

（10）物流源头的监管 要想保证酒体质量的优质，原辅材料必须质量过硬；要想成品经得起市场检验，除了酒体内涵质量的优质，还需要外体包装的装饰，品牌的树立是系列的细节组合而成的。

（11）信息沟通及服务链接 良好的信息沟通平台能很好地促进生产流程的优化，实现各项资源的优化配置，形成良好的服务链条。

（12）标准的制定及跟进 标准是生产的标线，标准也是为生产服务的，标准的产生要来源于实践、总结于现场、运用于生产。标准的另一个职能是监督，监督不到位、控制不了要点，标准的落实和执行就形同虚设。

酒体设计需要很多要素组合运行，还有很多点和面没有考虑到，需要我们在工作过程中去甄别、去完善。

276. 酒体设计遵循的基本原则是什么？

（1）遵循市场规律原则 企业的生产是在不断满足市场需求的变化中组织实施。企业要想生存、发展、壮大，必须尊重市场运行规律，经受市场的考验和磨砺。因此酒体设计工作的方案及流程等环节的制定和操作要以市场为根本。

（2）强化内部科学管理原则 酒体设计的运行过程需要系统的生产流程相辅相成。要实现健康的酒体设计流程，各个环节的管理链接是关键控制点，强化执行力，把每个生产环节抓好、抓实、抓到位。

（3）科学技术创新原则 坚持技术创新，才能不断开发新产品，挖掘潜在市场，丰富产品内涵，降低生产成本，以高知名度、高信誉度的产品树立卓越形象。

（4）实践积累总结提炼原则 酒体设计关联众多生产环节，需要各个生产部门通过实践运用，把好的经验和技巧加以积累汇总，提炼升华。酒体设计的运行模式没有固化的参考形式，只有结合本企业、本岗位的具体情况选择适合实际生产需求的方法，把操作经验形成理论知识，并不断完善。

277. 酒体设计的发展趋势是什么？

有香浓向淡雅、由劲大向绵软、由留香持久向口感舒服转变。喝后不上头、不干喉。

七、白酒计算

278. 高度酒调整为低度酒的公式是什么？

调整后的千克数 = 原酒的千克数 ×（原酒的质量分数 ÷ 调整后酒的质量分数）

例如：65%vol 的酒 100kg，折合为 50%vol 的酒是多少千克？

查酒精体积分数，质量分数，密度对照表：65%vol 质量分数 57.1527，50%vol 质量分数 42.4252。

$$X = 100 \times (57.1527 \div 42.4252)$$
$$= 134.71\text{kg}$$

279. 低度酒调为高度酒的公式是什么？

折算高度酒的千克数 = 低度酒的千克数 ×（低度酒的质量分数 ÷ 高度酒的质量分数）

例如：39%vol 的酒 100kg，折合为 65%vol 的酒是多少千克？

查酒精体积分数，质量分数，密度对照表：65%vol 质量分数

57.1527，39%vol 质量分数 32.4139。

$$X = 100 \times (32.4139 \div 57.1527) = 56.71\text{kg}$$

280. 不同酒精度的酒勾兑公式是什么？

高度酒千克数 = 预勾兑酒的千克数 ×（预勾兑酒质量分数 − 低度酒质量分数）÷（高度酒质量分数 − 低度酒质量分数）

低度酒千克数 = 预勾兑酒的千克数 − 高度酒千克数

例如：70%vol 的酒和 55%vol 的酒勾兑成 100kg 60%vol 的酒，各需多少千克？

查酒精体积分数，质量分数，密度对照表：70%vol 质量分数 62.3922，60%vol 质量分数 52.0879，55%vol 质量分数 47.1831。

高度酒千克数 = 100 ×（52.0879 − 47.1831）÷（62.3922 − 47.1831）= 32.24kg

281. 加浆降度的公式是什么？

加浆千克数 = 原酒千克数 ×（原酒质量分数 ÷ 预降度酒质量分数 − 1）

例如：70%vol 的酒 100kg，加浆降度成 60%vol 的酒，加浆多少千克？

查酒精体积分数，质量分数，密度对照表：70%vol 质量分数 62.3922，60%vol 质量分数 52.0879。

加浆千克数 = 100 ×（62.3922 ÷ 52.0879 − 1）

= 19.78kg

第四部分

成装生产

一、基本知识

282. 什么是成装？

成装顾名思义为成品包装，是指将合格的酒液依据工序作业指导书，按照一定的工艺流程、操作方法装入合格的包装材料中，形成满足标准要求的产品的过程。

283. 白酒包装所用的材料主要有哪些？

用于白酒包装的材料主要有纸质类、塑料类、玻璃类和其他类（其他类中通常指金属制品和陶瓷制品）。其中纸质类、塑料类材料和金属制品主要用于白酒外包装；玻璃类及陶瓷制品主要用于白酒内包装。

284. 进入成装车间的包装材料必须经过哪两道检验？

进入车间前，包装材料须经过采供部门初检与验证、质量管理部专职检验与验证，经过上述检验与验证综合判定合格的包装材料才允许进入成装车间。严禁未经检验或检验不合格的材料进入车间。

285. 为什么说成装生产线是检验包装材料是否合格的最终场所？

包装材料的初检与专检均为抽样检验，而抽样检验受到抽样比例和抽样方案的影响。各个包装材料在成装生产线各工序的流转使用，各工序操作工要依据自检和复检要求进行把关，要进行全数感官检验、配套生产，因此，成装生产线才是检验包材是否合格的最终场所。

286. 包材质量标准是如何控制的？

企业要求成装包材质量标准以国标为基础，从卫生指标、理化性能、技术要求、企业要求等几个方面加以综合考核判定。

卫生指标是食品行业最为关注的指标，生产所需的包装材料必须是安全卫生的。

采供部门对包装材料进行进厂初检，专职检验部门对所有包装材料按比例进行单项及配套抽检，抽检合格后下发合格证及复检合格通知单，通知成装生产可以领用。

287. 包材的感官检验指什么？

指在自然光下，用感官对材料进行外观、形状、色泽、气味等项目进行的检验。

288. 什么是自检？

是指由进货部门或生产分厂等在进货或生产过程中要求各自所进行的检验项目。成装生产要求各道工序做好自检，保证本道工序质量，为下道工序服务，不合格产品不允许流入下道工序，下道工序要复检上道工序，从而保证最终产品质量。

289. 什么是互检？

互检是指两个部门在交接产品或材料时，双方在质量和数量上的认可。

290. 成装生产过程互检交接节点有哪些？

成装生产过程有两个互检交接节点：

（1）包装材料互检交接节点，由采供部门交接成装分厂，成装要对包材的品种规格等主要标签内容和数量进行初步确认。

（2）兑酒罐互检交接节点，由贮配分厂交接成装分厂，成装主要是对酒精度和数量进行确认。

291. 汾酒企业标准要求成品酒酒精度的允许误差范围是多少？

汾酒内控要求，酒精度允许误差为（±0.5）%vol。因此，成品酒酒精度允许范围为产品标示值（±0.5）%vol（特殊产品例外）。

292. 成装生产过程中使用的计量器具主要有哪些？

成装生产过程中使用的计量器具主要有灌装设备、温度计、酒精计、容量瓶、压力表，计量器具实行周期管理。

生产现场使用的计量器具必须是经过检定合格的并在有效使用期内。

293. 如何测量并折算生产用酒的酒精度？

（1）将酒精计和温度计（酒精计范围能覆盖生产用酒的酒精度）擦拭干净。

（2）将所测酒样倒入500mL洁净、干燥的量筒中（不能倒太少，也不能倒太多，以酒精计能正常悬浮为宜）。

（3）静置数分钟，等酒液中气泡逸出后，轻轻放入已校正过的精密酒精计、温度计，再分别轻轻按一下。

（4）待酒精计、温度计静止时，水平观察与弯月面下缘相切处的刻度示值，待酒精度与温度恒定后，记下此时酒精度和温度。利用酒精度温度换算表查出该酒溶液对应的酒精度数值，即为标准温度20℃时，生产用酒的酒精度。

294. 成装车间使用的化学用品主要有哪些？

主要有丁酮、清洗剂、洗洁净、润滑剂等。

295. 成装车间化学用品应如何管理？

化学用品应单独存放，专人专柜保管；专人领用，做好记录。

296. 对汾酒包装生产人员有哪些健康和卫生要求？

所有从事白酒包装生产的人员，每年都应进行健康体检，并取得卫生部门颁发的健康证，才能进入包装车间。凡患有痢疾、伤寒、病毒性肝炎等传染性疾病，活动性肺结核、化脓性皮肤病及其他有碍食品卫生的疾病，应立即调至其他岗位，不得从事与白酒生产相关的工作。进入生产区的工作人员要按照规定进行洗手消毒、更换工作服并保持良好的个人卫生，勤理发、勤洗澡、不得蓄留指甲、涂指甲油及涂抹化妆品、佩戴首饰等。

297. 汾酒成装主要有几大过程？

主要有过滤、洗瓶、装酒、检验、贴票、包装六大过程。

二、过滤

298. 过滤的作用是什么？

过滤是成装生产第一关，贮配分厂送到兑酒罐的酒液是经过粗过滤的酒，成装前还需要进行精过滤，过滤的作用是除杂净酒。

299. 兑酒罐的酒液怎样才能进入清酒罐作为待装酒液使用？

兑酒罐的酒液经过循环过滤后，过滤工进行感官检验判定与酒精度检测，两项内容均合格，才可将兑酒罐酒液送入清酒罐，再经清酒罐静置（条件允许），才能作为待装酒液使用。

300. 成装过滤后的酒液感官检测质量要求是什么？

经过成装过滤后的酒液，要清亮透明，无悬浮物、无沉淀、无杂质。

301. 成装过滤时，对过滤压力的要求是什么?

过滤时，过滤机压力值应≤ 0.2MPa，所使用的微孔膜过滤机滤芯属一次性用品，当压力值> 0.2MPa 时应及时更换滤芯。

302. 什么情况下需更换滤芯？

（1）过滤压力> 0.2MPa 时。

（2）过滤速度不能满足生产需要时。

更换后的滤芯需用酒循环数次，直至酒液清亮。

303. 过滤过程中需要注意些什么？

（1）接收贮配送酒时要做好互检交接。测量兑酒罐酒精度要符合标准要求，接收时每罐都要测量酒精度，并做好记录，酒精度不满足要求时要及时联系送酒工，退回贮配。

（2）接收合格酒信息通知单。要及时将相关信息（主要指勾兑罐编号、实测酒精度、数量）传递给质量监控工及质检员。

（3）过滤过程中，时刻关注过滤表压力值与过滤速度，达到条件时及时更换滤芯，并记录更换滤芯时的压力值。

（4）过滤过程中随时检查过滤酒质情况，观察酒液的清亮度。

（5）过滤期间，操作人员不可离开。

（6）做好过滤相关记录。

三、洗瓶

304. 洗瓶过程有哪几个自检参数?

（1）冲瓶压力。

（2）洗瓶水眼畅通。

（3）酒瓶洁净度。

305. 洗瓶过程是如何进行操作的?

（1）开机前，检查自来水水质达标，对洗瓶机进行冲洗或清理，尤其是水箱、滤网、托瓶套。

（2）打开水门、水过滤机、检查冲瓶水压，将水箱内水放满。

（3）开启洗瓶机进行空转，确认洗瓶机运转正常，保证冲瓶水眼100% 畅通。

（4）将去除防尘盖、包瓶用纸或网套的瓶子搬运到洗瓶机旁，依次将自检合格的瓶子瓶口向下插入洗瓶机托套内。

（5）将冲洗、沥干后的瓶子瓶口向上摆放在传送带上，经链道输送到空检区。

306. 成装生产用水有什么要求?

成装生产用水来自动力分厂供水系统，水质必须符合国家饮用水标准。生产班组负责日常生产用水的感官检验，每班开机前，首先要打开水管检查供水管道水质，确保水质清亮透明。若水质不满足要求，要进行一定时间的排水直到水质达标。

307. 对冲瓶水质的要求是什么?

自来水经过水过滤机过滤后进入洗瓶机作冲瓶用水，水质要清亮透明，无悬浮物、无杂质。为保证冲瓶水质满足要求，水过滤机每周要彻底清洗一次。

308. 洗瓶过程中，冲瓶压力必须满足的条件是什么?

冲瓶压力必须大于 0.15MPa，并保证能直冲到瓶子的底部沿瓶子内壁四周流下。

309. 洗瓶过程中，对冲瓶水眼的要求是什么?

冲瓶水眼必须 100% 畅通，要求无论是循环水水眼还是过滤水水眼必须每个都畅通，而且不能歪斜。

310. 经过冲瓶机冲瓶控水后的瓶子，对余水的要求是什么？

沥干后的瓶子水滴不超过3滴。

311. 影响洗瓶效果的因素有哪些？

（1）瓶子存放环境与时间。

（2）洗瓶工艺。即喷冲水眼的多少，喷冲位置是否正确，喷冲过程是否流畅，洗瓶机运行速度。

（3）过滤水水质的洁净度。

312. 在去除防尘盖、包瓶用纸或网套过程中要注意些什么？

撬防尘盖过程中动作要轻，避免撬烂防尘盖导致烂盖进入瓶内，避免动作过大撬烂瓶口，损耗瓶子，同时产生异物进入瓶内，冲洗不出滞留瓶内，产生质量问题。

去除包瓶用纸或网套过程中要避免遗留下部分包瓶用纸或网套，在瓶子上机时吸附在瓶子上，经水喷冲堵塞水眼或机器，或进入瓶内产生质量隐患。

313. 上瓶、下瓶工序要注意些什么？

（1）上瓶、下瓶动作要轻，避免磕碰产生问题瓶而产生质量隐患和不安全因素，或加大损耗。

（2）做好过程自检，要将烂瓶、破口瓶、掉片、异形瓶、瓶身内容有缺失等感官质量问题瓶挑出作废品处理。

四、灌装

314. 灌装过程自检控制参数有哪些？

（1）净含量偏差。

（2）首瓶验度。

（3）酒瓶封口感官检验。

315. 灌装过程是如何进行操作的？

（1）生产前，检查装酒组管道及酒阀门完好后，通知过滤人员打开清酒罐阀门，开启灌装机，空转 1~3 圈。

（2）把经空检合格后输送到灌装区链道上的瓶子，依次输送到灌装机托瓶盘的中心位置上。

（3）打开装酒机阀门，进行顶酒，观测酒液清亮透明、无杂质，感官合格。

（4）进行首瓶验度确认酒精度达标，进行首圈容量检测，对不满足容量标准的机头进行调整。

（5）首圈容量全部检测合格后进行批量灌装，期间组长要不定期抽检容量、质量监控工要按标准要求抽检容量及酒精度并做好质量记录。

316. 每日早班生产前，开机必须进行顶酒，为什么？

开机前顶酒是为了将酒管内、酒槽内、装酒机头等有可能存在的杂质或上一班余酒顶出，从而保证酒液清亮透明、无杂质，满足标准要求。

317. 每班开始生产前，为什么要测量酒温、酒精度？

测量酒温，一是为了进行容量折算，比对此酒温下的净含量是否达标；二是为了测量在此酒温下的酒精度，通过测量出的酒温、酒精度，利用酒温酒精度对照表可以折算出20℃时的酒精度，以此来验证待装酒液的酒精度是否符合企业标准。

318. 什么时候需要对灌装机进行调试？

（1）灌装机长期不用重新启用。

（2）节假日休息5d及以上。

（3）更换规格生产。

（4）净含量抽查不符合要求时需要对灌装机进行调试。

319. 如何对调试后的灌装机进行合格验证？

灌装机调整后，质量监控工通过对试装的产品来进行验证。

取灌装机机头 2 倍数量的产品，逐一将试装酒液倒入专用刻度容量瓶测量，记录其净含量，通过计算得出所取酒样的平均净含量。将结果与按温度系数折算出的净含量比对，比对符合要求（一是平均偏差大于 0，二是单件允许最大正负偏差要符合要求）方可开始生产。若不符合要求要二次取样，找出不符合要求的机头，重新调整相应机头直到符合要求为止。调试结果需要进行签字确认，开始生产，并形成必要的记录。

320. 检验净含量所用的器具有哪些？应满足什么条件？

（1）刻度容量瓶。

（2）温度计。

（3）漏斗。

漏斗要与刻度容量瓶配套，使用的刻度容量瓶与温度计必须要有技术中心出具的检定合格标识，温度计分度为1℃，容量瓶的选配应符合《成品酒计量监督规定》。

321. 产品净含量的折算是以多少摄氏度作为标准温度的？酒精净含量的计算公式是什么？

以 20℃作为标准温度进行折算。

净含量 = 标称容量（mL）+2mL+ 温度系数 ×（酒温 −20）℃ /5℃

322. 汾酒内控要求生产线停用多长时间要检验铁离子？

停用 10d 以上要检验铁离子。

323. 灌装容量出现偏差的主要原因有哪些?

（1）灌装机内酒液位置不达标。

（2）灌装阀不灵活。

（3）输送瓶子的拨盘调节不到位。

（4）瓶口与灌装机机头未对正。

（5）灌装速度与灌装能力不匹配。

324. 倒品种生产时的顶酒与日常生产时的顶酒有何不同?

日常生产时的顶酒是为了将可能存在于酒管内、酒槽内、装酒机头上的杂质顶出来，顶酒量很少，通常 1~3 圈基本就可以满足生产要求；而倒品种时的顶酒主要是为了将酒罐内、过滤机、酒槽及机头中余留的前一个品种酒液全部顶出，此时，顶酒量需要根据前后两个品种酒精度差值多少、管道长短来考虑。

325. 手工戴盖时，铝盖的感官质量要求主要有哪些?

（1）目测无异物，鼻闻无异味。

（2）瓶盖结构完整、有内垫，涂膜无划伤，无脱漆。

（3）文字图案正确、清晰、完整，同批盖无明显色差，瓶盖口部无明显毛刺、无皱褶。

（4）边缘无明显皱纹，无拉伸伤痕。

（5）无明显外凸起与碰凹现象。

（6）连接点个数完整。

326. 铝盖封口自检把关质量要求有哪些?

螺纹封口封盖要封严、封紧、不漏酒，而且螺纹要滚全、滚牢、不能割烂瓶盖，余边不得超过 1mm。

327. 手工戴盖时，组合式防伪盖的感官质量要求主要有哪些?

（1）无异味，不粘附杂质。

（2）瓶盖结构完整、不缺件，内塞不歪斜、无脱落。

（3）文字图案正确、清晰、完整，盖口部无明显毛刺，同批盖无明显色差。

（4）瓶盖外壳无明显外凸凹和划擦痕。

（5）电镀、涂膜颜色均匀，无明显变色、掉色、脱落、开裂、起泡、砂眼等。

328. 组合式防伪盖的封口自检把关质量要求有哪些?

组合式防伪盖封口要封严、封紧、不漏酒，而且组合式防伪盖要压平、压牢，不能有歪斜、破裂，瓶盖与瓶身接口处的间隙不超过 2mm。

329. 灌装机操作人员每班生产前需要进行首圈容量检测，质量监控工也需对容量进行检测，两者有何不同?

灌装机操作人员每班生产前首圈容量检测合格后，班组才可以批量生产，是一个自检工序，每班上、下午开机前都需进行。而质量监控工对容量进行检测是一个巡查抽检的过程，且抽检要涵盖到每个机头，数量上要满足上午、下午均不少于30瓶。另外，质量监控工也需对在线产品所有工序进行抽检验证。

330. 为保证灌装结果，灌装过程需注意些什么？

（1）注意开机前要进行顶酒，顶酒后进行酒液感官检测。

（2）注意每班生产前要进行首瓶验度。

（3）注意在感官、酒精度判定合格后，操作工要进行首圈容量自检，并时刻把好自检关。

（4）灌装组组长要做好复检工作，质量监控工随时抽检，做好巡检工作。

五、检验

331. 什么是空瓶检验？

空瓶检验是对经过清洗未灌装前的空瓶进行的检验，包括对瓶身的质量缺陷进行感官检验和对瓶子内外的清洁度进行检验。

332. 什么是实瓶检验？

实瓶检验是对玻璃酒瓶灌装戴盖封口后进行的检验，是对瓶内酒液澄清度的感官检验，同时也对瓶身的外观质量进行复检。

333. 成装生产过程中的关键控制点是什么？

瓷瓶、喷涂瓶空瓶检验和玻璃瓶实瓶检验。

334. 成装生产线检验台要满足哪些要求？

检验灯透光板光洁，无磨损，透光柔和，一个透光板内要有两根30~40W的日光灯，并且要平行放置。

335. 空检把关酒瓶时，感官检验质量要求主要有哪些？

（1）瓶子内、外干净。

（2）瓶身图案标识清晰醒目、完整、不偏斜。

（3）瓶身、瓶口无变形，光滑、圆度规范，无明显的掉片、裂纹、色差等。

336. 对玻璃瓶进行实瓶灯检时应注意些什么？

（1）一个检验台灯检人员不少于3人，要全部到位，每隔1h要进行换岗操作。

（2）要逐瓶检验，不能同时检两瓶，也不能漏检。

（3）发现不合格比例较多时，要及时反馈，以便查找问题原因及时整改。

337. 手工翻动瓶子进行灯检时，翻动瓶子必须达到多大角度？

为保证酒液在瓶内上下流动，打起酒花，翻动瓶子必须达到90度。

338. 如何判断翻动时酒液中产生的酒花与杂质异物？

检验时翻动酒瓶，酒液中会产生小酒花，酒花会匀速上升并且逐渐消失。一般情况下，较大的漂浮物会很快往上浮，而其他杂质异物由于重力作用往下沉，下沉速度因其重力不同而不同。

339. 陶瓷（喷涂）酒瓶中酒液的澄清度如何把关？

主要通过顶酒后观察酒液把关，其次抽检净含量时随机抽检一定数量的产品观察其酒液的清亮度，还可通过对部分坏盖产品、瓶身有缺陷产品开盖抽检来检查验证。

340. 如何判断陶瓷瓶酒是否为裂纹瓶？

陶瓷瓶酒在入盒（或入箱前）要用完好的瓷酒盅轻轻叩击，通过音质是否清脆判断酒瓶是否为裂纹瓶，注意在轻叩前，瓶内酒液不能有较大晃动，否则会错判。此外，对于有疑问的产品应静置一会儿再行叩击判定。

341. 经过实瓶检验，酒液感官质量要达到什么要求？

酒液清亮透明，无杂质、无沉淀、无悬浮物。

六、贴标

342. 贴标前对于商标的感官质量要求主要有哪些？

（1）商标内容（名称、规格、酒精度、条形码号等）符合所要生产酒的标准。

（2）颜色不能有明显的漏底现象，同一批商标的墨色要求基本一致。

（3）图案、文字要求清晰、完整、不变色、无重影。

（4）四周留边均匀，周边相差不能在一倍以上。

（5）没有明显的脏污，切口无明显毛刺。

343. 手工贴商标正标、颈标、背标，应按什么样的顺序贴标？

应先贴正标，再贴颈标，最后贴背标。

344. 商标粘贴有哪些质量要求？

（1）酒标要贴正、贴展、贴牢。

（2）不能错贴、漏贴、倒贴。

（3）颈标与正标中心对齐，背标在正标正背面，正、背标两边间距大致相等。

（4）颈标误差（±2）mm，正背标误差（±1）mm。

345. 无论是手工贴标还是机器贴标，首道工序是什么？为什么？

贴标前，首先要检查商标确是生产所使用的商标，如名称、规格、酒精度、条形码号与作业指导书一致。主要是检出不合格商标，同时也可避免商标雷同混淆，误领、误用等情况出现，导致标签内容与实物不一致，产生大的质量问题。

七、包装

346. 包装过程有哪些工序？

包装过程因产品复杂程度、所用包材不同而工序不尽相同，但大体上可总括为：包装把关、瓶盖贴防伪、瓶盖激光打（喷）码、套网套、扣酒盅、装盒扣盒、打铆钉（扣铆扣）、装箱、贴合格证、盒激光打码、封箱、码垛入库等。另外还有合格证标签打印、软质礼盒编盒、穿绳、放底座等前期辅助工序。

347. 包装把关主要把哪些关？

成装是产品走向市场的最后一关，包装是成装流水线上最后收官过程，工序多、工作量大，因此责任也重大。一是需要复检前面各工序操作是否到位，有无遗漏；二是保证本道工序操作、自检到位，保证酒的外在包装质量。

348. 瓶身拴绳、礼盒拴绳的质量要求是什么?

按一定的次序拴紧打牢、不脱落。

349. 瓶上扣酒盅的操作质量要求有哪些?

（1）检查酒盅无掉片、无裂纹，与酒瓶配套，颜色、花纸一致，形状、尺寸规范等。

（2）垫纸要衬匀、垫紧，纸不能外露，酒盅不松动。

350. 套网套的操作质量要求有哪些?

使用网套规格正确，不得反套、撕裂、撑烂，不得使用烂网套。

351. 玻璃瓶装箱或装盒时主要复检项目有哪些?

逐瓶查看标识是否齐全，有无打码及打码是否齐全，是否烂瓶或异形瓶，瓶盖是否封严不漏酒，余边或离缝是否符合标准等。

352. 瓶盖打（喷）码有哪些内容?

瓶盖打（喷）码有两种情况:

（1）横排打（喷）码时，上一排为 11 位阿拉伯数字，分别代表年、月、日、分厂、车间、班组；下一排为 10 位英文字母与阿拉伯数字的随机组合。

（2）竖排打（喷）码时，瓶身与瓶盖接缝处打一“汾”字，汾字上方左一排为11位阿拉伯数字，分别代表年、月、日、分厂、车间、班组；右一排为10位英文字母与阿拉伯数字的随机组合。

353. 瓶盖打（喷）码的感官质量要求有哪些?

打（喷）码位置正确，内容完整、正确、清晰可识读，字体大小符合标准规定要求。

354. 粘贴瓶盖防伪标的质量要求是什么?

（1）使用防伪标识应为相应品种规格的标识，不能错贴。

（2）应贴平、贴展、贴牢，不能多贴、漏贴。

355. 装盒、扣盒工序把关要注意些什么?

（1）装盒时在用礼盒应洁净，标识内容齐全，无损坏，不缺件。

（2）入盒产品瓶身应干净，标识齐全，复检合格。

（3）扣盒时瓶子应摆正入位，有瓶卡的应卡到位，并按次序依次扣好盒页。

356. 铆钉封盒工序的质量要求有哪些?

铆钉颜色、规格使用正确，要打牢、打正、打平，不得漏打。

357. 铆扣封盒的操作要求有哪些?

铆扣图案要完整，要按照规定方向先插入铆扣眼，再插入铆芯，铆扣要按平，按到位。

358. 礼盒上防伪标粘贴的质量要求有哪些？

（1）标识为相应产品品种规格的标识，不能错贴。

（2）贴标位置符合指导书要求。

（3）贴平、贴展、贴正、贴牢，不能多贴、漏贴。

359. 合格证标签打印的质量要求有哪些？

打印内容符合作业指导书要求，正确、清晰、完整，能有效扫描。

360. 合格证粘贴的质量要求有哪些？

要粘贴在指定位置，一般在箱体正面右上角及相邻侧面左上角，两个条形码要分别粘贴在两个面上，要贴平、贴展、贴正、贴牢，不能错贴、漏贴、多贴，不得压住标识。

361. 礼盒上打码的质量要求有哪些？

（1）礼盒打码与盖子打（喷）码、合格证标签内容（生产日期、分厂、车间、班组代码、生产批号等）要一致、正确。

（2）打码字体大小符合相应标准，同品种打码位置基本固定。

（3）打码应清晰、完整、可识读。

362. 带盒产品装箱时应注意些什么？

（1）感官检验礼盒的清洁度、文字图案的正确性与完整性、盒子结构的完整性、同批次颜色无明显色差等。

（2）复检前面工序打铆钉、贴防伪等是否到位。

（3）入箱方向要一致，并与后续激光打码方向要求一致，入箱后要平整。

363. 胶带封箱的质量要求是什么？

（1）封箱前要确认盖板、手袋、箱内附件齐全。

（2）封箱用胶带按指导书要求使用。

（3）封箱要封正、封严、封平，胶带在箱子合缝中间，两边距堵头（50±10）mm.

364. 码垛工序的质量要求是什么？

（1）确认在箱体上规定位置粘贴有合格证且合格证完好，箱底胶纸、箱顶胶纸粘贴完好。

（2）箱体洁净无破损，同批次无明显色差。

（3）按规定数量码整齐，垛在托盘上，码垛酒箱不能超出托盘边缘。

365. 入库工序的质量要求是什么？

（1）整齐摆放在成品库指定位置。

（2）入库数量准确，交库及时。

后记

千载汾酒，万世扬波，仰韶龙山肇酒史；北齐成名，杜牧吟诵，巴拿马赛震寰宇。国宴用酒，蝉联五届，辉煌成就历历在目，中国酒魂人人称颂。

汾酒，国酒之源、清香之祖、文化之根。她的历史脉络延绵了几千年而不断，她的艺术精神积淀了几千年而益彰，她的清香品味飘到了世界各个角落。她久经酝酿，历久弥香，形成了自己独特的文化内涵与清香品质。她传承千年，万世扬名，靠的就是始终如一的质量标准和极致匠心的生产技艺。

汾酒生产技艺在先人口传心授的基础上，通过不断总结，形成了操作标准与相应的控制参数。特别是 1964 年国家轻工业部成立的“总结提高汾酒生产经验试点工作组”为“汾酒标准”奠定了坚实的技术基础，开创了汾酒酿造史上应用科学理论指导传统工艺的先河，也为中国白酒产业逐渐现代化、标准化、国际化和进入微生物学范畴，开辟了一条崭新的科学之路。

为使汾酒企业员工继承和发展汾酒的酿造工艺和操作要领，并不断提高员工的生产理论水平和实际操作水平，我们编写了这本《汾酒生产 365 问》。本书参考前期汾酒技术工人系列培训教材，取其精华，补充了生产一线的操作经验和近年来收集整理的资料，对汾酒生产中的大曲、酿造、勾贮、成装等四大部分的操作工艺进行了分类汇编。

本书以问答的形式编写，整理出了365个生产操作技艺及理论知识点。虽然都是一些小问题，但它们是精华，是大内容，是实实在在的东西，既方便了读者学习、查阅，又能有针对性地了解、掌握汾酒生产的精华，并能解决生产中的一些实际问题；既可以满足新员工和在岗员工的培训、学习需求，又可供生产、科研、检测、管理者参考。当然，汾酒生产技艺博大精深，汾酒大曲、酿造、勾贮、成装实操问题更是多种多样，特别是在和微生物打交道时，气候、环境、温度、水分等影响因素较多，读者照本宣科不一定就能做出好酒，也不一定就能掌握汾酒的生产技艺精华。但拥有这样一本基础、全面、通俗易懂的工艺书，对汾酒生产及其工作拓展还是很有好处的！

本书得以顺利出版，首先感谢汾酒集团党委书记、董事长李秋喜的高度重视与大力支持。李秋喜董事长针对汾酒品质的传承与提升、中国酒业的发展与共荣，提出了高屋建瓴的编写意见与建议，并撰写了以《传统酿造工艺是中国酒魂信仰的基石》为题的序言，我们深表谢意！同时感谢汾酒集团公司董事会秘书长张琰光、股份公司总工程师杜小威，以及文化发展研究中心、技术中心、质量检测中心、大曲、酿酒、贮配、成装分厂的领导和同事提供的帮助与建议。中国酒业协会文化学术委员会副主任、《中外酒业》杂志社副主编任志宏对本书的策划与编写鼎力支持，中国轻工业出版社对本书出版给予了大力帮助，在此一并致谢！

由于水平所限，虽经反复斟酌与多次审核，本书仍难以避免地存在一些遗漏，有些问题的答案也有待商榷，期待大家批评指正。

任玉杰

2019年6月